U0302639

生命的奥秘

英国Future出版公司　著

曾宪坤　译

SPM
南方传媒　广东人民出版社
·广州·

图书在版编目（CIP）数据

生命的奥秘 / 英国Future出版公司著；曾宪坤译. — 广州：广东人民出版社，2024.9
书名原文：Life's Little Mysteries
ISBN 978-7-218-17488-4

Ⅰ.①生… Ⅱ.①英… ②曾… Ⅲ.①生命科学—普及读物 Ⅳ.①Q1-0

中国国家版本馆CIP数据核字（2024）第068813号

著作权合同登记号：图字19-2024-048
Life's Little Mysteries
© 2019 Future Publishing Limited
本书中文简体版专有版权经由中华版权代理有限公司授予北京创美时代国际文化传播有限公司。

SHENGMING DE AOMI
生命的奥秘

英国 Future 出版公司　著　曾宪坤　译　　　　版权所有　翻印必究

出 版 人：肖风华

责任编辑： 吴福顺
责任技编： 吴彦斌　马　健

出版发行： 广东人民出版社
地　　址： 广州市越秀区大沙头四马路10号（邮政编码：510199）
电　　话： （020）85716809（总编室）
传　　真： （020）83289585
网　　址： http://www.gdpph.com
印　　刷： 天津睿和印艺科技有限公司
开　　本： 787毫米×1092毫米　　1/16
印　　张： 8　　**字　　数：** 192千
版　　次： 2024年9月第1版
印　　次： 2024年9月第1次印刷
定　　价： 68.00元

如发现印装质量问题，影响阅读，请与出版社（020-87712513）联系调换。
售书热线：（020）87717307

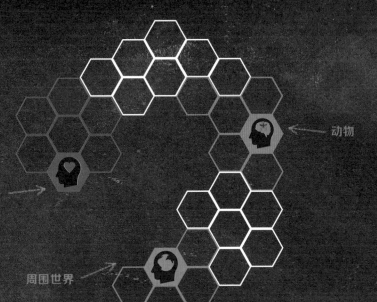

动物

关于人体的谜团
得到了解答……

周围世界

在这里你会得到你一直
想问的问题的惊人答案

科学和技术与宇宙

欢迎来到

《生命的奥秘》

▼

　　生活充满了小谜团。我们能在做梦的时候学到东西吗？动物能预测地震
吗？地球上的大陆还会再次变成一个超大陆吗？土星环到底是什么？为什么城
市里有那么多鸽子？宇宙中究竟有多少星星？不管你是否对人体、动物、周围
世界、科技和宇宙的秘密感到好奇。在这本书里，你将找到这些问题以及更多
问题的答案。

目录

人体

动物

周围世界

116

68

78

科学和技术与宇宙

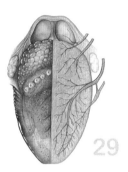
29

24

27

6

16

22

14

20

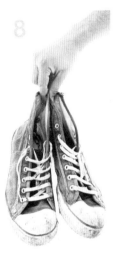

8

11

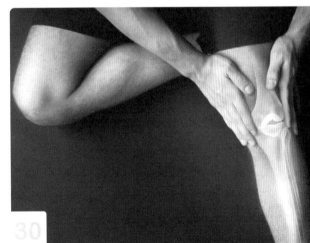

30

你睡着的时候
能学到东西吗?

一天只有 24 小时,而人们把大约三分之一的时间都花在了睡觉上。
所以,那些有野心的人总想知道:有没有可能把这段时间利用起来呢?

答案是:能,也不能,取决于我们对"学习"的定义。吸收复杂信息或零基础掌握一门新技能是几乎不可能的。但研究表明,睡眠中的大脑也完全没有闲着。

睡眠学习:从假象到科学

睡眠学习或睡眠中教学的概念有着悠久的历史。第一个证明睡眠对记忆力和学习有好处的研究发表于 1914 年,作者是德国心理学家罗莎·海因(Rosa Heine)。她发现,与白天学习相比,在晚上睡前学习新材料更容易记住。

从那时起人们做了很多研究,得益于此,我们现在知道,要让我们白天所经历的事情形成长期记忆,睡眠至关重要。白天的经历最初在海马体形成记忆,睡眠中的大脑会回放这些经历,并将它们从海马体转移到整个大脑区域,从而稳固这些记忆。

考虑到睡眠期间记忆发生了这么多事情，人们自然会问，记忆能否被改变、增强甚至重新形成。

一些早期研究发现，人们会学习他们在睡眠中接触到的材料。但这些发现在 20 世纪 50 年代被推翻，当时科学家开始使用脑电图来监测睡眠脑电波。研究人员发现，如果非要说人在睡眠中有学习行为的话，那也只是因为测试对象被刺激唤醒了。这些提出睡眠学习的糟糕研究被扔进了伪科学的垃圾桶。

但近年来，研究发现大脑在睡眠时可能并不完全是一团乱麻。这些发现表明，睡眠中的大脑有可能吸收信息，甚至形成新的记忆。然而，问题在于这些记忆是隐性的，或者说无意识的。换句话说，这种学习形式非常基础，在这种形式下大脑需要完成的任务比你学习德语或量子力学时要简单得多。

臭鸡蛋和吸烟：产生联想

多项研究发现，睡眠中可以发生一种被称为条件反射的基本学习形式。在 2012 年的一项研究中，以色列研究人员发现，人们可以在睡眠中习得将声音和气味联系起来的能力。科学家们在测试对象睡着后播放了一种声音，同时释放了恶心的臭鱼气味。醒来之后，测试对象一听到那个声音就屏住了呼吸，他们预料会有难闻的气味。

这种记忆虽然是无意识的，但也会影响人的行为。研究人员发现，在睡眠中闻了一晚上混合着烟草和臭鸡蛋（或臭鱼）的气味之后，吸烟者会减少吸烟。他们睡着以后大脑也在学习。

睡眠学习能力可以扩展到单词学习。在《当代生物学》（*Current Biology*）期刊上发表的一项研究中，研究人员向睡眠中的测试对象播放成对的虚构单词及其假定含义，比如"guga"的意思是大象。这些测试对象醒来之后参加了一个单选题测试，要选出虚构单词的正确翻译，他们的表现比没有在睡眠中学习过的人要好。

虽然为了可能学会的几个单词而失去高质量的睡眠并不是一个明智的选择，但研究人员仍在继续研究睡眠学习，因为在特殊情况下这种妥协可能是值得的。

"我们现在知道，睡眠对于我们白天所经历的事情形成长期记忆至关重要。"

在室内该不该脱鞋？

你是不是也是这种主人，当有客人来你家时，你会立刻被这个难题所困扰：该不该让他们脱鞋？

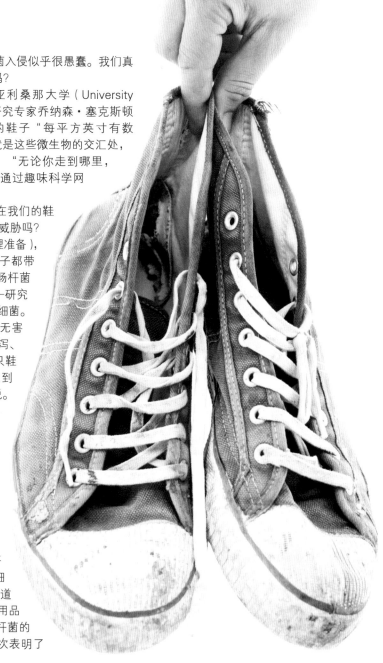

冒着社交尴尬的风险来避免细菌入侵似乎很愚蠢。我们真的应该担心鞋子上的细菌进入家里吗？

首先，粉饰是没有意义的。亚利桑那大学（University of Arizona）的环境微生物学家和研究专家乔纳森·塞克斯顿（Jonathan Sexton）表示，普通的鞋子"每平方英寸有数十万个细菌"。我们的鞋底基本上就是这些微生物的交汇处，我们每走一步，就会带上新的细菌。"无论你走到哪里，都会沾上这些细菌。"塞克斯顿曾通过趣味科学网（Live Science）发表这一观点。

但究竟是什么类型的细菌群体在我们的鞋子上游荡？还有它们会对健康构成威胁吗？其实，早前的研究已经表明(做好心理准备)，在一些研究样本中，几乎所有的鞋子都带有粪便细菌，其中包括一种名为大肠杆菌（Escherichia coli）的主要细菌——研究人员在 96% 的鞋底上都发现了这种细菌。虽然许多类型的大肠杆菌对人类是无害的，但也有一些菌株会导致严重的腹泻、尿路感染甚至脑膜炎。"不一定每只鞋子，但在大多数鞋子上，你都能找到某种类型的大肠杆菌。"塞克斯顿说。

除了这种无处不在的细菌，其他研究也发现了鞋子上有金黄色葡萄球菌（Staphylococcus aureus）的证据，它会引起皮肤疾病，更令人担忧的是，它会造成血液和心脏感染。2014 年发表在《厌氧菌》（Anaerobe）期刊上的另一项著名研究对得克萨斯州休斯敦的 30 户家庭进行了抽样调查，该研究发现鞋子上还存在艰难梭状芽孢杆菌（Clostridium difficile），这种细菌寿命很长，通常会导致腹泻等肠道问题。在研究人员采样的所有家居用品中，他们发现鞋子上艰难梭状芽孢杆菌的数量甚至比马桶表面还要多，这再次表明了

细菌可能只带来了很小的风险，但这并没有让清理变得更有趣！

时不时地清洗一下你的鞋子可以作为一种预防措施。

脏鞋底在家中传播细菌的能力。

不过，尽管这项研究描绘了一幅微生物滋生的恐怖画面，但实际上也没有给我们带来太过严重值得担忧的结论。2014 年艰难梭状芽孢杆菌研究的作者，也是休斯敦大学药学院（University of Huston College of Pharmacy）的教授凯文·加里（Kevin Garey）说："对于健康人而言，鞋子上的细菌没有或只有很小的风险。"

另一点是，细菌在地上滋生，而我们大多数人不会长时间待在地面上。"接触会造成伤害。所以如果你没有接触到它，你就不会因此生病。"塞克斯顿。他对此解释道，在某些情况下，地板上的细菌层可能会"重新雾化"，并进入我们呼吸的空气，比如，被从窗户吹进来的气流带到空中。这样可能会增加感染风险，但最大的威胁还是在地面上。"我会更担心一个在地上爬来爬去的孩子，对一个健康的成年人来说，倒不是什么大问题。"塞克斯顿说。

其他可能需要采取预防措施的是那些免疫功能低下的人，他们对感染的防御能力低于正常水平。"对于有感染风险的人——通常是最近住院的人，做好家庭清洁是很重要的。"加里说。（为什么穿鞋去到处都是脆弱病人的医院会有更大风险？因为那里会有更多有害细菌沾到你的鞋底上。）

"在大多数鞋子上，你都能找到某种类型的大肠杆菌。"

总的来说，如果你有感染风险，或者你家里有孩子，"在进入家门前脱掉室外鞋是个好主意，"加里在趣味科学网发表这一观点，"但对大多数健康人来说，你可以根据自己的喜好和习惯，以及潜在的健康问题来做决定。"

对于那些健康受到威胁，或者那些想到家里有不受欢迎的细菌到访就感到恶心的人——脱下鞋子，时不时清洗一下，保持家里不染灰尘（细菌最喜欢的食物），这些都是很好的措施。塞克斯顿说："预防总是好事，但我不建议大家太过火了。"

因此，人们一致认为，对于没有孩子或免疫功能低下的成员的家庭来说，鞋子上的细菌不会构成直接威胁。

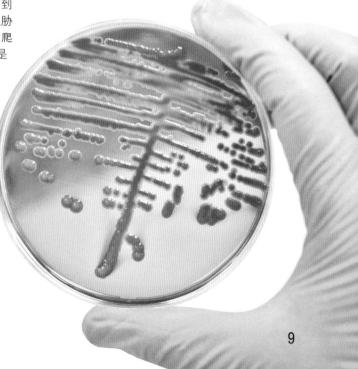

生锈的铁钉真的会让你感染破伤风吗？

当你想到破伤风，是不是马上就想到了一根生锈的铁钉？其实，这个印象可能有点过时了，因为破伤风和铁锈本身没有关系。

破伤风是由破伤风杆菌（Clostridium tetani）引起的一种严重感染。这种细菌在我们周围的环境中广泛存在，栖息在土壤、灰尘和粪便等地方。

破伤风杆菌通过伤口感染人体，尤其是深深的穿透性的伤口，范德比尔特大学（Vanderbilt University）传染病专家威廉·沙夫纳博士（Dr. William Schaffner）说。危险的是伤口本身的性质：任何带有细菌的物体，无论是否生锈，只要穿透皮肤为细菌进入人体建立起一条通道，就可能导致破伤风。

那么为什么很多人会把生锈的钉子和破伤风感染联系起来呢？"不知怎的，有人想象出了踩在生锈钉子上的画面"来描述一个人是如何感染破伤风的，沙夫纳在趣味科学网回答了这一问题。这个画面很可能是想传达这样一个观点，即生锈的钉子所在的肮脏环境可能会滋生这种细菌，但不知何故，就变成生锈的铁钉"自己有细菌"了。

但要让人感染破伤风，"环境不必看起来就很脏。"他说。例如，也有在被菜刀切到手后感染了破伤风的病例。

沙夫纳说，破伤风杆菌在环境中以孢子形式休眠，只要有氧气存在，它们就可以在极端条件下长时间生存。但当孢子进入人体深处时，氧气供应就会被切断。

正是缺氧让这种细菌活跃起来。在人体内被唤醒后，这种细菌会繁殖并产生一种危险的毒素，并通过血液输送到全身。是这种毒素，而不是细菌本身，引起了破伤风。

只要及时接种疫苗，就能在很大程度上避免感染破伤风。儿童应该接受一系列预防细菌的疫苗注射，成年人应该每十年接受一次加强疫苗注射。在有穿透伤的情况下，如果你五年以上没有接种过疫苗，医生会建议你打一剂加强针。在很多环境中都存在破伤风杆菌，所以接种疫苗是唯一可以防止你自己和家人感染的方法。

人没有水能活多久？

想象一下，明天水龙头里都不出水了，河流小溪干涸了，大海也变成了旱谷。你会怎么应对？更重要的是，你还能活多久？

关于脱水致死的速度有多快，目前没有可靠的预测。从许多极限生存博客能看到，普通人不进水可以活2~7天，但这只是很粗略的估计。一个人的健康状况、体力活动水平和那一时段的天气，共同决定了这个人在没有水的情况下能活多久。老人、儿童、有慢性疾病的人，以及在户外工作或锻炼的人，尤其有脱水的风险。

在非常炎热的环境中，"一个成年人在一个小时内会出1~1.5升汗水。"乔治·华盛顿大学（George Washington University）的生物学家兰德尔·帕克（Randall Packer），在给科普杂志《科学美国人》（*Scientific American*）的供稿中写道："热天被独自留在汽车中的小孩，或者在高温下勤奋训练的运动员，都可能脱水、过热并在几小时内死亡。"通常，当一个人已经脱水到不适时，他会表现出头晕、恶心等过热症状，这意味着体内温度过高。

但情况还不总是如此，尤其是在特定人群中，亚利桑那州班纳雷鸟医疗中心（Banner Thunderbird Medical Center）的急诊科医生库尔特·迪克森博士（Dr. Kurt Dickson）表示，婴幼儿和患有痴呆症的老人可能会不记得喝水，或者无法自己喝水。那么一个人要失去多少水分才算是严重脱水呢？根据英国2009年国民健康服务指南，当一个人失去自身体重10%的水分时，就属于严重脱水了——但是很难在实践中准确验证这一数据。人体水分含量一旦低于健康值，就会出现以下典型症状：口渴、皮肤干燥、乏力、头晕、神志不清、嘴唇干裂、脉搏加速和呼吸急促。

随着体内水分减少，剩余的水分会随着血液流动转移到重要器官，导致全身细胞失水皱缩。肾脏通常是第一个出现功能紊乱的，缺水后，因血液供应不足，它会停止清理代谢废物，伯恩斯（Berns）说。到那时，其他器官会相继发生功能紊乱。这是一个痛苦的过程，但这种情况通常很容易治疗，归根结底就是补充水分和电解质，也就是人体细胞进行正常代谢所需的物质。

> "在非常炎热的环境中，一个成年人在一个小时内会出1~1.5升汗水。"

为什么人们
那么讨厌
Comic Sans
字体？

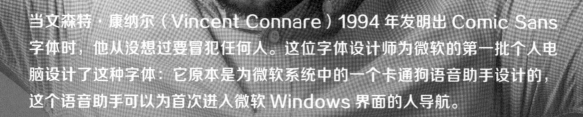

当文森特·康纳尔（Vincent Connare）1994年发明出Comic Sans字体时，他从没想过要冒犯任何人。这位字体设计师为微软的第一批个人电脑设计了这种字体：它原本是为微软系统中的一个卡通狗语音助手设计的，这个语音助手可以为首次进入微软Windows界面的人导航。

康纳尔回忆称："我觉得，卡通狗不会以泰晤士新罗马字体（Times New Roman）讲话。"所以，他设计出了另一个选项：一个有趣且友善的字体，灵感来源于漫画书，设计成近似手写体，目标用户是年轻人。"我最初的想法是给孩子使用的，本来就不是为了让每个人都喜欢。"康纳尔说。

意想不到的是，Comic Sans 字体开始传播，出现在了正式文件、签名和广告中——甚至出现在了广告牌上。随后有两名字体设计师在 2002 年发起了"抵制 Comic Sans 字体"行动，但当其他设计师开始嘲笑这种字体傻乎乎的时候，字体本身也获得了全世界的关注。当康纳尔被邀请到伦敦著名的设计博物馆做演讲时，情况变得非常糟糕，有人抱怨说他根本不配在那里演讲。"我想当时我身边有个保镖！"他幽默地回忆道。

如今，康纳尔觉得很有趣的是，自从他在近 30 年前发明了这种谦逊、友好的字体以来，这种字体就一直受到人们的关注。但到底是什么让人们如此讨厌 Comic Sans 字体呢？

一种字体本身就承载着多种微妙的暗示，而且我们出奇地善于捕捉这些暗示。在 21 世纪初期发表的一系列研究中，堪萨斯州威奇托州立大学（Witchita State University）的学者们揭示，人们认为字体具有鲜明的个性，而且他们能够非常精确地细化这些特征。"结果显示，人们对字体的理解可归结为三个主要因素：它们的粗犷度和男性化程度、可感知到的美感，以及令人兴奋的程度。"芭芭拉·查帕罗（Barbara Chaparro）说，她当时是威奇托州立大学一个可用性研究实验室的负责人，主导了这项研究。〔现在她在佛罗里达州代托纳比奇市的安柏瑞德航空航天大学（Embry-Riddle Aeronautical University），担任人为因素心理学和行为神经生物学的教授〕

之后的研究显示，当人们被要求为各种字体用于简历等正式文件的适用度进行排名时，他们通常会选择那些"清晰易读"和"更漂亮"的字体，而不是那些"容易让人激动"和"引人注目"的字体，查帕罗说。这表明人们善于判断一个字体是否适用于给定的内容。

设计本身的多个微妙特征暗示出了这些字体品质。例如，衬线字体中的字母末端有微小的外延，这使得它们在一般人眼中更加精致和优雅。相应地，"专业性更强的文件会倾向于使用衬线字体。"查帕罗说。相反，无衬线体则没有这些优雅的外延线，人们对它的感觉倾向于更加随意。被问到为什么我们会这样解读这些微妙的线

索时，查帕罗说这很难确定。但是，"从打印机时代开始，就有衬线字体用于商业文件的历史了。"她说。也许，随着时间的推移，我们逐渐将这些视觉线索与正式书写联系起来了。

对于字体设计师来说，有一件事很清楚：Comic Sans 字体是一种无衬线体，它被设计成非正式的、随意的风格，也用于这种类型的文本——例如漫画。查帕罗说："我不认为它是被设计用于严肃文本的。"但人们正是将它用在了严肃文本中。

而这，似乎正是大多数人讨厌这种傻乎乎的字体的原因。Comic Sans 字体被发明之后，人们开始在不适用的文本中使用它，给人一种脱节的感觉，有些人觉得不和谐。"当它被不恰当地使用时，人们，尤其是字体设计师会感到很沮丧。例如，如果某人用这种字体发送邮件或起草文件，"查帕罗说，"这会导致一种不匹配，即一种非正式的、孩童般的、'有趣的'字体，被用在了一个潜在的严肃话题上。"

天真和新颖性

关于人们为什么讨厌这种字体，康纳尔提出了一种理论。20 世纪 90 年代，家用电脑开始普及，它给了人们一种前所未有的力量感。突然之间，任何一个使用电脑的人都可以在不同的字体中做出选择。"人们第一次有了选择的权利，所以他们选择了疯狂的东西，因为他们可以做任何事情。"康纳尔说。本质上，可以归结为天真和新颖性，他解释说："人们没有太多经验，所以他们选择了与众不同的。"因其模仿手写体的不同寻常、有趣的风格，Comic Sans 字体吸引了大众，并迅速传播开来。

"许多不是设计师的人在他们的文件中使用这种字体，比如非专业人士用于自制传单、邀请函和网站。"爱荷华州立大学（Iowa State University）的修辞学和职业传播教授乔·马茨凯维奇（Jo Mackiewicz）说，她对为什么人们会在不同字体中感受到不同个性做了研究："我认为人们讨厌它的主要原因是它太常见了，而且总出现在不适用的地方。事实上，它的适用场合相当有限，却被大量用于不适用的场合，这让那些更专业的人感到厌恶。"

马茨凯维奇认为还有一个原因是，Comic Sans 字体在非正式文件中无处不在，而且总与其他糟糕的设计元素同时出现。"比如文字居中、全部大写，或者加下划线。"随着其他人开始反对 Comic Sans 字体，它逐渐臭名远扬，成为字体排印界的过街老鼠——而且使用这种字体的人被认为缺乏字体设计品位。

"卡通狗不会以 Times New Roman 字体讲话。"

为什么眨眼的时候视野不会"变黑"?

有句俗语说"一眨眼你就会错过"。但一般来说,我们眨眼也不会错过什么;事实上,我们甚至没注意到自己在眨眼。确实,尽管成年人平均每分钟要眨眼大约15次,我们的视野却是无缝衔接、连续不断的。

专家们提出,大脑会填补眨眼期间的视觉空白,在视觉输入暂停时,维持"快照"画面以连接起眨眼的短暂时刻。但这些解释将这种活动限制在了大脑的某些区域,也就是大脑后部的感觉区。然而研究人员最近质疑大脑的其他区域是否也参与其中,他们发现了一个区域——大脑前部。

在《当代生物学》期刊网络版新发表的一项小研究中,科学家们发现前额叶皮层,一个负责决策和短期记忆的大脑区域,连接起了我们在眨眼或其他视觉中断期间看到的东西。前额叶皮层通过这种方式在感知记忆中起着关键作用,感知记忆是一种由存储感官输入的长期记忆。

研究的第一作者、德国灵长类动物中心(German Primate Center)和哥廷根大学医学中心(University Medical Center Göttingen in Germany)的神经科学家卡斯帕·施维德兹克(Caspar Schwiedrzik)透露,在之前的研究中,研究人员使用核磁共振检查了大脑活动,发现包括前额叶皮层在内几个大脑区域在感知记忆形成的过程中比较活跃。施维德兹克表示,当他们比较多个受试者的结果时,发现前额叶皮层的活动是最一致的。

在新研究中,研究人员开始尝试用一种更直接的"电生理学技术"复制他们此前得出的核磁共振成像结果。具体而言,他们对六名癫痫患者的大脑活动进行了测量,这些患者的大脑中植入了电极以治疗癫痫,科学家从而得以直接记录受试者的大脑活动。

哪张是上?

当一个人眨眼时,他正在看的东西的图像会被大脑保留,然后与他再次抬起眼睑时所看到的东西产生视觉连接。为了这个研究,科学家们设计了一个实验,可以证明两幅图像之间存在类似的视觉连接。与此同时,受试者大脑中的电极会显示这一视觉翻译发生的时候大脑的哪些区域在放电。

在实验中,研究人员向受试者们展示两张箭头图案(垂直方向或水平方向)。受试者们依次看向两个箭头,他们的任务是指出箭头方向。

在实验期间,科学家们记录了受试者前额叶皮层的活动。他们注意到,如果第二个箭头的方向与第一个的方向一致,就会激发感知记忆。这暗示了看第一幅图会对受试者如何看待第二幅图产生影响。研究作者们报告说,实验期间前额叶皮层的活动表明这部分大脑区域参与了感知记忆的形成。另外,他们还发现,其中一位受试者因早前的一次手术切除了部分前额叶皮层,在本次实验中无法储存视觉信息从而形成感知记忆,这意味着前额叶皮层对于这种类型记忆的形成是不可或缺的。

这些发现证明了前额叶皮层会根据先储存的视觉数据积极地"校准"新输入的数据,"从而让我们能够更稳定地感知世界——甚至只是在眨眼这样一个简单的瞬间。"施维德兹克总结说。所以,你眨眼的时候什么也不会错过。

当一个人眨眼时，他正在看的东西的图像会被大脑保留，然后与他再次抬起眼睑时所看到的东西产生视觉连接。

不管是哪种食物，卡路里
的计算方法都一样。

怎样计算卡路里？

计算卡路里是减肥人士采取的一种主要方法，但卡路里到底是什么呢？食品科学家是怎么确定一根格兰诺拉燕麦卷的热量到底是 100 卡还是 300 卡的？

卡路里是一个能量单位，而不是衡量重量或营养物质密度的指标。不过，你在营养表上看到的卡路里实际上是千卡路里或者千卡（kcal）。"食品包装袋上指的就是千卡，即使它写的是"卡"。1 千卡是将 1 千克水加热 1 摄氏度所需要的能量，"密歇根州蓝十字蓝盾协会（Blue Cross Blue Shield of Michigan）的注册营养师和健康教练格蕾丝·德罗查（Grace Derocha）解释说，"食物中的卡路里全部来自这三种营养素：脂肪、碳水化合物和蛋白质。"

1990 年，美国政府通过了《营养成分便签和教育法》（Nutritional Labeling and Education Act），统一规定了营养表必须披露的信息，包括卡路里。这意味着任何袋装食品在摆上货架之前，都要由食品科学家测量其营养素和卡路里，方法之一是使用一种叫作弹式热量计的工具。

这个工具可以直接测量食物所含的能量，爱荷华州立大学食品科学和人类营养学专业的教授兼负责人露丝·麦克唐纳（Ruth MacDonald）表示。使用这个工具时，科学家会把待测量的食物放在一个密闭容器中，把容器放在水中并加热，直到食物燃烧殆尽。科学家会记录下水温上升了多少，以确定该食品的卡路里。

不过弹式热量计并不是测量卡路里的唯一办法，食品科学家们还会采用 19 世纪美国化学家威尔伯·阿特沃特（Wilbur Atwater）提出的一种计算方法，这种方法能间接估计食品中的卡路里含量。

阿特沃特引入了这种被称为"4-9-4 系统"的技术，因为热量计没有考虑到人体出汗、排尿和粪便损失的一些卡路里。阿特沃特克服了这一限制，他计算出不同食物中的卡路里含量后，再检测粪便中排出了多少卡路里。他的实验揭示了每克蛋白质和碳水化合物分别含有 4 卡路里热量，而每克脂肪含有 9 卡路里热量，这就是 4-9-4 系统的含义。他还发现每克酒精含有 7 卡路里热量。

"假设你的食物中含有 10 克蛋白质（10×4=40）、5 克脂肪（5×9=45），那么总热量就是 40+45=85 卡路里。"麦克唐纳解释说。

不过，有些专家认为阿特沃特的计算方法已经过时了。2012 年《美国临床营养学》（American Journal of Clinical Nutrition）期刊发表的一篇研究发现，4-9-4 系统不能准确计算坚果等食物的热量。另外，美国食品药品监督管理局允许食品标签上列出的营养成分有 20% 的误差，包括卡路里，这意味着卡路里计数并非一定准确。

但即使标签上列出的卡路里含量没有误差，"（这种方法）也没有考虑到消化过程中的损失，而是假设营养物质能够完全转化为能量，"麦克唐纳表示，"而这在人体中是不可能的，虽然我们的身体从食物中获取能量的效率的确很高。"

为什么我们记不住做过的梦？

你一生中有三分之一的时间都在睡觉，其中很大一部分你都会做梦。但大多数情况下，你都记不得自己做过的梦。即使有些时候你很幸运，醒来之后梦的记忆还在你脑海中飘荡，但很有可能在短短一分钟内，你的记忆又凭空消失了。

在生活中，如果很快就忘掉最近发生的事情，那你可能会去看医生。但是，忘记梦却很正常。这是为什么？

"我们通常会快速忘记梦境。很可能那些不爱讲述梦境的人更容易忘记。"澳大利亚墨尔本莫纳什大学 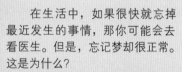 （Monash University in Melbourne）的神经科学家托马斯·安德里隆（Thomas Andrillon）说。如果醒来什么都不记得，你可能很难相信自己做了个梦，但研究持续表明，即使是那些数十年甚至一辈子都不记得一个梦境的人，也确实在刚醒来的时候记得自己做了梦。

尽管确切的原因还不完全清楚，但科学家们已经对睡眠中的记忆过程有了一些深入的了解，从而提出了一些想法来解释我们记不住梦境的原因。

根据《神经元》（Neuron）杂志2011年发表的一篇研究，当我们进入睡眠时，并非大脑的所有区域都同时停止工作。研究人员发现，最后一个进入睡眠的区域是海马体，这是一种位于大脑半球内的弯曲结构，对于将信息从短期记忆转移到长期记忆至关重要。

"如果海马体是最后进入睡眠的，那么它就很可能是最后醒来的，"安德里隆表示，"所以可能你的短期记忆中有一个窗口，让你醒来时还记得自己做的梦，但由于海马体还没有完全清

> "你醒来时还记得自己做的梦，但由于海马体还没有完全清醒，所以你的大脑无法保持这段记忆。"

醒，所以你的大脑无法保持这段记忆。"

这也许解释了为什么关于梦的记忆如此短暂，但并不意味着你的海马体工作不积极。事实上，在你睡觉时这个区域仍在积极工作，不过它似乎是在储存和照顾现有的记忆来巩固它们，而不是倾听新的信息。

"一些数据显示，海马体会向大脑皮层传递信息，但不接收任何信息。这种单向交流可以将记忆从海马体发送到大脑皮层进行长期存储，但新信息不会被海马体记录下来。"

醒来后，大脑可能需要至少2分钟时间来启动记忆编码能力。2017年法国的研究人员监测了受试者的睡眠模式，其中18人几乎每天都能记住梦境，另外18人基本上记不住。这个研究团队发现，与记不住梦境的人相比，能记住梦境的人在夜晚会更频繁地醒过来。能记住梦的人在半夜醒来的时间平均为两分钟，而记不住梦的人醒来的时间平均为一分钟。

神经化学汤

我们在睡眠中编码新记忆的能力差，还与乙

酰胆碱和去甲肾上腺素这两种神经递质水平的变化有关，这两种神经递质对保持记忆特别重要。当我们入睡时，这两种化学物质急剧下降。然后，当我们进入快速眼动睡眠（REM）阶段时，奇怪的事情发生了。最生动的梦就发生在这个阶段，此时乙酰胆碱恢复到清醒时的水平，去甲肾上腺素却保持在低水平。

科学家们还没有解开这一谜题，但一些人提出这两种神经递质的特殊组合可能就是我们忘记梦境的原因。根据2017年发表在《行为与脑科学》（Behavioral and Brain Sciences）杂志上的一项研究，乙酰胆碱的增加会使大脑皮层处于类似清醒的状态，而低水平的去甲肾上腺素则降低了我们回忆起在这段时间内精神冒险的能力。

有时候你的梦就是不值得记住

你还记得你今天早上刷牙的时候在想什么吗？我们的思维总是在游荡，但我们会把大多数想法都当作无关紧要的信息丢弃。已故梦研究者、塔夫茨大学医学院（Tufts University School of Medicine）精神病学教授欧内斯特·哈特曼（Ernest Hartmann）在给《科学美国人》杂志的供稿中写道：梦，尤其是平凡的梦，可能就像我们做白日梦时随机产生的无聊想法，被大脑认为毫无用处，不值得记住。

为什么小婴儿在飞机上会哭闹？

无论你是苦宝贝哭声久矣的父母，还是倒霉的邻座乘客，婴儿在飞机上哭闹都绝不是件有趣的事情。我们都有过这样的经历，当飞机上升或降落时，会有一种耳朵在砰砰作响的可怕感觉，以一声呜咽开始，随后整个机舱便充斥着婴儿尖锐的哭闹声。

当然，婴儿在飞机上哭闹可能有很多原因。不过，人们普遍认为，高空飞行造成的气压问题对于婴幼儿来说尤其难以忍受。英国耳鼻喉外科顾问医生西蒙·贝尔博士（Dr. Simon Baer）说，婴儿和成人的耳朵在解剖学上有根本的区别。

"当然，婴儿在飞机上哭闹的主要原因之一是他们不擅长平衡中耳的压力，因为婴儿的咽鼓管功能一般不如成年人，成年人的发育较好。"贝尔表示。

咽鼓管是连接中耳和鼻咽（上喉和鼻腔后部）的通道。基本上，这条通道控制着中耳的内部压力，确保与体外的气压相同。咽鼓管大多数时候都是闭合状态，只在打哈欠、吞咽和咀嚼等动作时打开。当气压迅速变化，耳朵感觉堵塞时（比如在飞机航行过程中），大多数成年人会有意地打哈欠或做吞咽动作，让咽鼓管打开，保持中耳内外压力平衡。

贝尔补充说，在飞机降落过程中压力尤其是个问题，因为飞机降落是从低气压到相对较高气压，平衡耳内外压力更加困难。"虽然飞机上升过程中也存在压力问题，但上升是从较高气压到低气压，咽鼓管的工作原理意味着上升过程中调节耳压平衡会更容易，"他说，"虽然现代飞机机舱都会进行

一定程度的加压，但当飞机从地面上升到9100米高空飞行时，仍然存在着显著的压力变化。"

不过有很多办法可以帮助婴儿缓解耳朵的不适，其中一种平衡中耳压差的好方法是通过所谓的瓦尔萨尔瓦动作（Valsalva maneuver）——即捏住鼻子并吹气。英国光学和听力零售连锁店 Specsavers 的首席听力学家戈登·哈里森（Gordon Harrison）提出有一种简单的方式来帮助缓解压力对耳朵的影响，即通过吞咽或打哈欠的动作让尽可能多的空气进入耳朵。不过他也承认，要想让一个歇斯底里的一岁宝宝这样做并不容易。但仍然可以拿一些宝宝最喜欢的零食让他们咀嚼，这有助于缓解压力变化，让他们感到舒服一些。

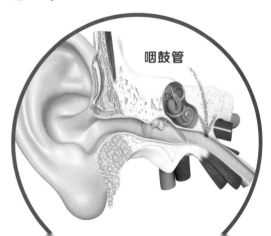

咽鼓管

你真的需要买不含铝的除臭剂吗?

走进任何一家有机市场或高端化妆品店,你会发现货架上摆满了除臭剂供顾客选择,其中许多是不含铝的。

当然,这就提出了一个重要的体味问题:你抹在腋窝里的除臭剂中是否含有铝?含有铝的除臭剂会损害你的健康吗?

答案是绝对不会(除非你对铝过敏)。俄亥俄州立大学韦克斯纳医学中心(The Ohio State University Wexner Medical Center)的皮肤科医生苏珊·马西克博士(Dr. Susan Massick)表示,自21世纪初以来,所有关于铝止汗剂的主要研究都表明,止汗剂中含铝不是一个问题。

她说:"含铝止汗剂致癌的说法是谣言,医生和科学家都知道这是假的。"

含铝止汗剂可能与癌症有关的观点可以追溯到21世纪初的一些研究。一些研究人员认为,含铝的除臭剂可能会导致女性患乳腺癌,这种假设的主要证据是什么呢?乳腺癌似乎更容易出现在腋窝附近而不是远离腋窝的地方。

这种思路的问题在于,在培养皿中,有很多东西都会对单个细胞造成DNA损伤,而这些东西实际上不会导致人类患癌。如果你想知道某种化学物质是否危险,第一步是将一些松散的细胞浸泡在这种化学物质的高浓度溶液中。但这类研究只能告诉你这种化学物质是否值得进一步研究,而不是人类使用它的方式是否真的存在问题。

研究人员发现,那些真正有患铝相关癌症风险的人,都是冶炼厂和其他工厂的产业工人,这些工厂的空气中含有高浓度的含铝粉尘。但这与在皮肤上涂抹凝胶是完全不同的情况。

为什么大笑有时候很恐怖？

笑可能很暖心、有感染力、可爱……但有时候，也会让人感到很不安。一个咯咯笑的小丑或机器人，就能让我们相信末日即将来临。

大笑和恐惧的表情非常相似

"很多恐惧源于不和谐或违背我们的预期。"匹兹堡大学（University of Pittsburgh）专门研究恐惧的社会学家玛吉·科尔（Margee Kerr）说，她还是《尖叫：恐惧科学中的令人毛骨悚然的冒险》（*Scream: Chilling Adventures in the Science of Fear*，公共事务出版社，2015）一书的作者。换句话说，当事情与我们的预期不一致时，我们会感到害怕。科尔表示，这就是为什么，当我们看到通常表现得天真可爱的孩子突然行为怪异，就像"被附身"一样时〔电影《驱魔人》（*The Exorcist*）和《玉米之子》（*Children of the Corn*）中出现过这样的场景〕，会觉得很可怕。

在不同寻常的环境中笑也会引起类似的反应。"每当我们接收了某种应该与积极情绪、天真或快乐有关的东西，然后这种东西以某种方式发生了翻转，显得有点邪恶或脱离环境，我们就会接收到红色信号或错误信息，"科尔说，"人们不应该为做坏事而高兴，所以如果他们高兴，这就是一个暗示，表明事情不对劲，我们不能相信他们。"

所以，是的，小丑不应该因为其他人的毁灭（消极情形）而笑（积极情绪）。还有，库伊拉·德维尔（Cruella De Vil）不应该笑着说："好吧，如果我们做这件外套，就好像我穿着你的狗一样。"（这很可怕的好吗？）

"但在生理层面上，笑和恐惧非常相似。"科尔说。她表示这两种状态都是"高唤醒状态"，也就是我们感受到强烈情绪的时候。这就是为什么，一个受到惊吓的人会先尖叫然后大笑，这并不奇怪。所有的能量都集中在那里，一旦人们意识到他们没有危险，他们就会迅速把尖叫变成大笑。

文化也在我们如何感知笑声中发挥作用

在西方社会，因为我们学会了把笑和积极情绪联系起来，所以"在邪恶或者伤害他人的情况下出现笑声是说不通的"，科尔表示。而在一些不一定具有全球联系的文化中，任何一种笑声都可能引发类似的不安。"如果你进入一个没有大量接触主流媒体的文化领域，大笑可能会显得非常奇怪。"她补充道。

尽管我们一般把笑与正面想法联系在一起，有时候笑所代表的含义并不明确。确实，"笑某人"跟"和某人笑"是大不相同的，得克萨斯农工大学医学院（Texas A&M College of Medicine）精神病学系主任伊斯雷尔·利伯逊博士（Dr. Israel Liberzon）表示。

另外，如果发出笑声的那个人根本不是人——比如说，是个机器人或洋娃娃，某种应该不受人类情感纠缠的东西，就会再增加一层令人毛骨悚然的感觉。

例如，不久前，亚马逊网的虚拟助手Alexa突然在人们家中自发地大笑起来。人们被吓坏了。亚马逊网解释说，这个虚拟助手突然大笑的原因是它有时候误以为有人在对它说"Alexa，笑"。

"当我们听到GPS或Alexa或Siri深情回应时，它们是在对我们做过的某件事做出回应，"科尔说，"它们没有表达情感的独立动机。但当Alexa突然自己笑起来时，就引发了一个问题，'Alexa为什么在笑？它本应该是一个没有情感的东西'。这会让人们认为Alexa已经达到了只有人类才能拥有的意识水平。"那会很有趣，对吧？

"笑和恐惧非常相似，它们都属于高唤醒状态。"

在有闹钟之前人们是怎么醒过来的？

在我们日常生活所依赖的所有现代发明中，闹钟很可能是最不受待见的。我们每天都在睡梦中被它那并不悦耳的声音惊醒。

不管闹钟有多烦人，它们仍然是我们起床不可或缺的。这就引出了一个有趣的问题：在闹钟普及之前，人们是怎么醒过来的呢？

从古至今，即使是报时这一简单行为也给人类带来了巨大挑战，我们精心设计发明了各种东西试图解决这个问题。古人发明了日晷和高耸的方尖碑，用它们随着太阳移动的阴影来标记时间。到公元前 1500 年左右，人们发明了沙漏、水钟和油灯，用沙子、水和油的流动来计量时间的流逝。

除了这些早期发明，人们还尝试着发明晨钟——例如蜡烛钟。这是古代中国的一种简易装置，人们在蜡烛上嵌入钉子，当蜡烛在指定时间燃烧到钉子的位置时，钉子掉落到下方的金属托盘发出响声，从而唤醒梦中人。

但这种粗糙的装置不准确也不可靠。所以，在更精确的机械装置发明之前，人们还是只能依赖另一种天生的计时方式：我们自己的生物钟。

昼夜节律是一个调节一天中困倦和清醒阶段的过程。这一过程也受到光明和黑暗的影响，这意味着清醒和困倦的时期通常与早晨的光明和夜间的黑暗相对应。

宗教因素

英国曼彻斯特大学（The University of Manchester）的近代史高级讲师萨莎·汉德利（Sasha Handley），在对英国历史上的睡眠习惯进行研究时发现，人们过去习惯让床朝向东方——太阳升起的方向。她和团队推测这种习惯部分是出于宗教原因，但也有部分原因是这一朝向能让阳光照射并唤醒人们。

"现在的人很难想象睡眠作息直接受到日出

> "古人发明了日晷和高耸的方尖碑，用它们随着太阳移动的阴影来标记时间。"

日落的影响了。"汉德利说。

还有一个简单但值得注意的事实是，以前的人们没有办法像我们今天这样在房子里装隔音材料来隔绝外界的噪音。汉德利补充说："在工业革命之前，农业占据主导地位，对于当时的社会来说，自然界的声音很可能真的很重要。"她表示，公鸡的打鸣声和奶牛等着挤奶的"哞哞"声都会吵醒睡梦中的人，教堂的钟也发挥着晨钟的作用。

汉德利认为，从历史上看，人们可能也更倾向于在特定的时间自我唤醒。关于近代英国的研究表明，在这一时期，早上的时间被视为精神时刻，人们通过一个人能在某个特定的时间醒来祈祷来证明他与上帝很亲近。"在预计的时间醒来被视为拥有健康和良好品德的标志，"汉德利解释说，"在这背后几乎存在一种竞争意识：你起得越早，越靠近某个特定的时间，上帝越会赐予你强壮的身体。"

豌豆射手

17 世纪末 18 世纪初，随着第一个家用闹钟的普及，自我唤醒越来越没那么重要了。这种闹钟名为灯笼钟，由内部重量驱动，可以通过敲击发声唤醒人们。在 19 世纪的英国，富裕之家还会雇佣巡逻叫早人——他们会拿着长棍子，持续敲击客户家的窗户，直到客户醒来（有些叫早人还会用吸管朝客户家的窗户吹豌豆）。到 20 世纪三四十年代，这种人工计时员逐渐被廉价的闹钟，我们今天看到的闹钟的前身所取代。

但现代社会对闹钟的依赖真的是件好事吗？现在我们倾向于利用休息日的时间睡个懒觉，这表明人们需要有更多的睡眠时间。尽管如此，人们依旧选择早晨被闹钟催促起床而不是前一天早点进入睡眠。

左图：阿尔－加扎里蜡烛钟在当时是非常精巧的。

（图片出处：维基百科公共领域）

润唇膏会让嘴唇干裂更严重吗？

你要用你的嘴唇来说话，拍嘟嘴自拍以及亲吻你爱的人，所以干裂的嘴唇不仅会又痒又痛，有时候还会让人非常尴尬。但反复使用润唇膏可能没用。

润唇膏只能暂时缓解你的不适，有些润唇膏还会加重嘴唇的干裂。这是因为，当涂在嘴唇上的润唇膏中的水分薄膜蒸发时，它会使你的嘴唇脱水更严重。"这是一个恶性循环。"杜兰大学（Tulane University）皮肤病学助理教授利娅·雅各布博士（Dr. Leah Jacob）说。

我们许多人都要应对干裂的嘴唇，尤其是在寒冷干燥的冬天，所以医生和美容专家会建议我们要像对待身体其他皮肤一样对待嘴唇。"我们身体的任何部位如果在冬天没有得到遮蔽保护，都会受到自然因素的影响，"约翰·霍普金斯大学（Johns Hopkins University）皮肤病学助理教授克丽丝特尔·阿古博士（Dr. Crystal Aguh）说，"冬天人们的手会变得很干燥，因为我们穿着长袖衬衣和夹克遮住了手臂但没有遮住我们的手。类似的，冬天人们也不会遮住脸和嘴唇，所以脸和嘴唇也会变得干燥。尽管嘴唇看起来和我们其他部位的皮肤不一样，但其实是很相似的。"就像我们其他部位的皮肤，嘴唇皮肤也是由三层细胞组成：最外层主要是死去的细胞，也就是角质层，下面分别是表皮层和真皮层。嘴唇和其他部位的主要区别在于嘴唇皮肤——尤其是在下面两层上形成了保护屏障的角质层要薄得多，因此更容易受到损伤。

另外，嘴唇本身没有毛囊或皮脂腺，而是由其周围腺体分泌的油脂保持湿度。雅各布说，舔嘴唇或涂上薄薄的唇彩、香脂或任何可以补充水分的东西听起来像是个好主意，但这可能是你对嘴唇做的最糟糕的事情，因为它们会导致进一步脱水。

一些润唇膏中的成分有刺激或干燥作用，薄荷醇、水杨酸、肉桂醛和薄荷香精都是，雅各布博士建议使用浓厚的、柔软的、标有SPF值的润唇膏或软膏，它们能真正保护你的嘴唇，甘油或普通凡士林都是很好的成分。

> **"嘴唇周围腺体分泌的油脂为其保持湿度。"**

为什么开心的时候
感觉时间过得飞快？

世界上最精确的时钟是以稳定速度运行的，每3亿年才有大约1秒的误差。

大脑会利用有节奏的秒数来形成自己的时间感——这就是为什么，相同的时间里，我们有时候会感觉时间过得漫长，有时候却过得飞快。但是为什么大脑不能像正常的时钟一样计时呢？

大脑如何感知时间取决于它的预期。纽约市哥伦比亚大学欧文医学中心（Columbia University Irving Medical Center）的神经科学家迈克尔·沙德伦博士（Dr. Michael Shadlen）表示，大脑可以估量某件事情发生的概率，即使它还没有发生。沙德伦告诉我们："每个想法都有其不同的"视界"。例如，看一本书时，视界位于每一个音节的末尾，每一个单词的末尾，下一个句子的末尾等等。大脑感知的时间会根据我们对这些视界的预期而变化。"

沙德伦说，当你真正专注于某件事时，大脑会预测"大局"，并看到近处和远处的视界，这让时间似乎过得飞快。但当你感觉无聊时，你预期的视界会近一些，例如在一个句子的末尾而不是一个故事的结尾。这些视界并不是一个整体，时间在流逝。

大脑中并没有一个单独的部位来负责我们以这种方式感知时间，相反，任何引起思考和意识的区域都可能进行这项任务。

其中一种机制涉及当你在进行某项活动时，脑细胞相互激活并形成连接的速度。佩顿（Paton）和他的团队通过对啮齿类动物研究发现，神经通路形成得越快，大脑对时间的感知就越快。另一机制涉及大脑中的化学物质，佩顿和他的同事们再次通过啮齿类动物发现，一组释放神经递质多巴胺的神经元会影响大脑对时间的感知。多巴胺是一种重要的化学物质，与感觉受到奖励有关。当你玩得开心时，这些细胞更活跃，它们会释放大量的多巴胺，你的大脑会判断时间还没过去多久。当你不开心的时候，这些细胞就不会释放那么多的多巴胺，时间似乎就会变慢。

多巴胺神经元

1 – 多巴胺
2 – 多巴胺受体
3 – 受体细胞

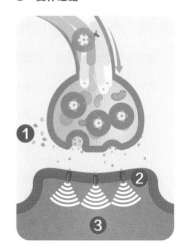

当你玩得开心时，这些细胞更活跃，它们会释放大量的多巴胺，你的大脑会判断时间还没过去多久。

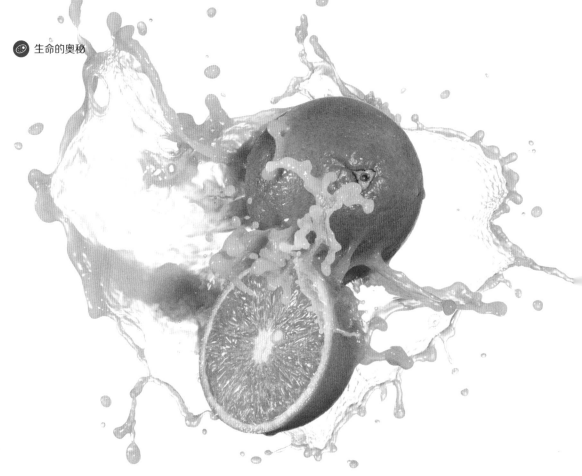

为什么刷牙之后感觉橙汁很难喝？

没有什么比清晨来一杯新鲜浓郁的橙汁更享受的了。但如果你刚刷完牙，你可能会发现这种饮料尝起来一点都不美味。

　　所以，为什么牙膏会影响橙汁以及其他甜味的早餐或午夜零食的口感呢？这一切都归结于我们味蕾上的味觉感受器发生的变化，哈佛大学陈曾熙公共卫生学院（Harvard T. H. Chan School of Public Health）的营养学教授盖伊·克罗斯比（Guy Crosby）说："简而言之，牙膏中一种叫作月桂基硫酸钠（SLS）的成分改变了我们处理某些味道的方式，至少是暂时改变了。"

　　让我们从如何检测不同的口味开始。如果你触摸你的舌头，你会注意到它布满了凸起和小脊。每一个凸起都由味蕾组成，而味蕾又由味觉感受器组成。我们嘴里总共有 2000~4000 个味蕾，每个味蕾有 10~50 个味觉感受器。换句话说，人类有能力品尝不同味道的食物。

　　味蕾帮助我们感知五种味道：甜、咸、酸、苦、鲜。品尝的过程有点像化

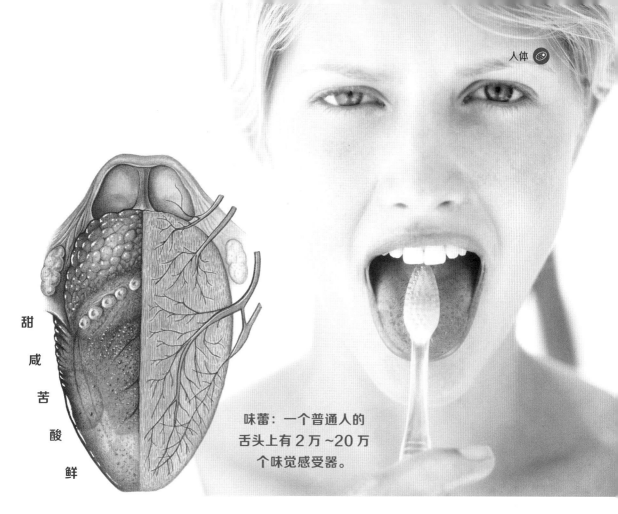

甜咸苦酸鲜

味蕾：一个普通人的舌头上有 2 万 ~20 万个味觉感受器。

学拼图。当我们咀嚼某种东西时，食物会释放出某种形状的分子，这些分子会在我们的嘴里漂浮。每种味道的食物分子都有独特的形状，与一种具有相应形状的味觉受体相匹配。例如，当我们午餐吃的芝麻菜沙拉中的苦味分子与苦味受体结合时，就会向我们的大脑发送一系列神经信号，宣布我们已经尝到了苦味。

　　然而，大多数牙膏中存在月桂基硫酸钠，会破坏味道分子和味觉受体之间的"探戈"。

　　当你用力刷牙时，牙膏会在你嘴里变成泡沫，这是因为月桂基硫酸钠充当着牙齿洗涤剂。会产生泡沫的产品中都含有月桂基硫酸钠，包括剃须膏等个人洗护用品和洗碗皂等家用清洁剂。但研究表明月桂基硫酸钠会影响我们的味觉受体发挥作用，使它们更容易受到苦味的影响，并降低我们品尝到的甜味程度。橙子中因为有柠檬酸，所以略有苦味，但橙汁中的这点苦味一般都被厂家额外添加的糖掩盖了。据美国化学学会（American Chemical Society）称，月桂基硫酸钠不仅会抑制我们的甜味受体，还会清除我们的磷脂质——这种化合物会阻碍苦味受体发挥作用。结果是，我们的味蕾突然就更多地感受到了橙汁的苦味而

不是其中的甜味。

　　"所有关于月桂基硫酸钠及其对味觉影响的研究，都可以追溯到 1980 年发表在《化学感官》（Chemical Senses）期刊上的一篇研究，"克罗斯比说，"该论文的作者指出，月桂基硫酸钠降低了蔗糖（本质上是糖）的甜味、氯化钠（盐）的咸味和奎宁（汤力水中使用的调味剂）的苦味，但增加了柠檬酸（通常存在于酸橙和橙子等水果中）的苦味。"

　　"但是，该论文并没有具体提到牙膏对橙汁口味的影响，"克罗斯比补充道，"即便如此，我认为最好把牙膏对橙汁口味的影响作为一个理论来描述，而不仅仅是认为它与已有研究相契合。"

　　不过，果汁爱好者们，不要绝望。根据 1980 年的那篇论文，这种味觉影响会在"几分钟内"消失。

　　克罗斯比说："只需要等几分钟就行了，因为月桂基硫酸钠和味觉细胞之间的物理作用只会产生暂时的变化。月桂基硫酸钠会溶解于唾液中，一旦我们吃了其他食物，味觉就会恢复正常。"

　　简单地说，下次你想要把橙汁当早餐时，你可以考虑先刷牙、洗澡，然后再去拿冰箱里的果汁。或者，你也可以先喝果汁再刷牙。

为什么运动之后
感觉身体很酸痛？

你的晨练很出色——能跑得更远、举得更重或者多骑行一圈。但在你第二天早晨身体酸痛得起不了床时，这甜蜜的满足感会迅速变为满满的悔意。

我们许多人都经历过运动几小时甚至几天之后的灼热、疼痛、腿软的感觉。但这种感觉到底是来自哪里呢？为什么它总是在特定运动之后出现呢？

运动后 24 小时 ~72 小时出现的肌肉酸痛被称为迟发性肌肉酸痛，简称 DOMS。并非所有运动之后都会出现这种酸痛——只有当你进行了新的或强度大的锻炼时，你的身体才会不习惯。2003 年的一项研究发现，专业人士和新手都会出现这种情况。"这并不是说你做错了什么，"俄亥俄州立大学韦克斯纳医学中心的运动医学医生迈克尔·琼斯科博士（Dr. Michael Jonesco）说，"只是表明你的身体已经伸展到引起肌肉变化的程度了。"

特别痛吗？

这些变化开始于运动。根据美国运动医学学院（ACMS）的说法，肌肉收缩会导致肌肉和附近结缔组织的微小撕裂。这些微小的撕裂不会直接导致疼痛。相反，疼痛是肌肉修复过程的副作用。

一旦肌肉受损，炎症就会随之而来，钙等电解质就会开始积聚。2016 年《生理学前沿》（*Frontiers in Physiology*）期刊发表的一项研究表明，免疫系统也参与其中，它会派遣一种叫作 T 细胞的免疫细胞渗透到损伤部位。科学家们仍然不确定这些过程是如何共同作用引起疼痛和酸痛的，但很可能它们共同引发了愈合，也造成了疼痛。

> "酸痛感是愈合
> 过程的副产品。"

　　此外，你可能听说过，乳
酸的积聚并不是迟发性肌肉酸痛
的原因。在运动过程中，肌肉消耗
完所有可用的氧气后会继续分解葡
萄糖，从而产生乳酸。1983 年发表在
《医生与运动医学》（*The Physician and
Sports Medicine*）期刊上的一项研究表明，
运动后乳酸不会在体内停留足够导致疼痛的时
间。在锻炼大约 45 分钟后，受试者的乳酸水平没
有升高，但两天后他们仍然出现迟发性肌肉酸痛。尽
管围绕这个话题仍有一些争议，但大多数科学家，包括美
国运动医学学院的科学家在内，都认为乳酸理论已经被彻
底推翻了。

极限在哪里？

　　"肌肉酸痛是你正在进步的一个好迹象，所以你可以带
着些许满足感去接受疼痛。但这并不意味着你应该重复同样
的锻炼，"琼斯科说，"因为这样做会增加你遭受更严重损
伤的风险。你最好是做一些轻微运动，非常轻的运动，我强调
轻——可以促进血液流动，帮助肌肉松弛。"

　　肌肉极度酸痛则是另一回事了。如果疼痛持续时间超过几
天，或者疼痛严重到让你无法抬起四肢，这可能是一种会导致肾
脏损伤的更严重的肌肉损伤。如果你的疼痛没有改善，或者你的
尿液变成红茶一样的颜色，这些就是危险信号，表明你需要去看
医生。但在大多数情况下，迟发性肌肉酸痛是你的身体正在适应
的迹象。第一次给你带来痛苦的锻炼下次就不会这么痛苦了，但也
不会太舒服。"有一点酸痛就意味着有进步，"琼斯科指出，"如
果你没有任何酸痛感，那可能是时候换一种锻炼了。"

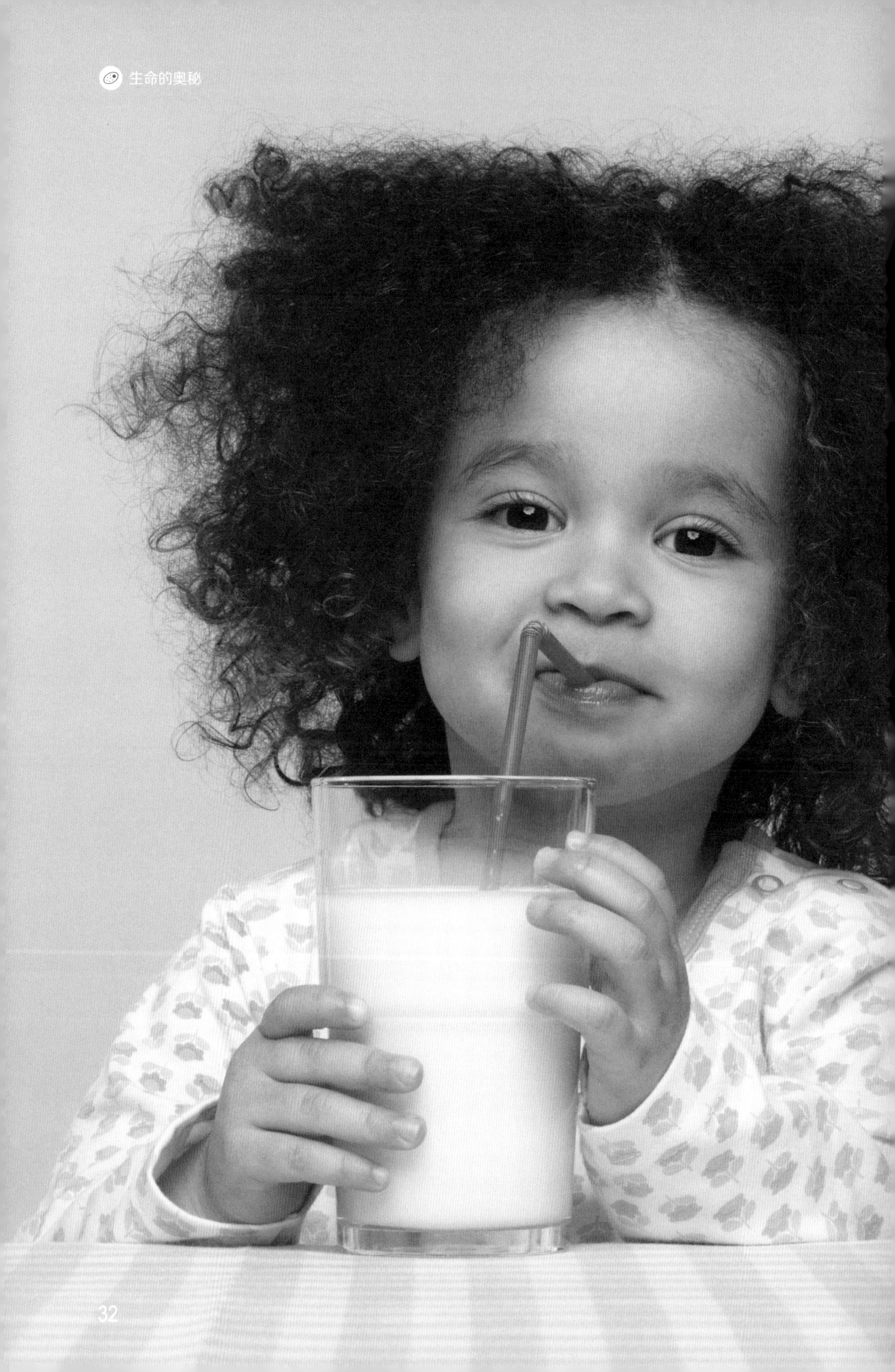

喝牛奶会产生更多黏液吗？

一项最新研究发现，长期以来人们对牛奶的误解——喝牛奶会导致身体的呼吸道产生更多黏液——是完全错误的。

这一误解长期存在，以至于一些父母不让患有慢性呼吸道疾病的孩子喝牛奶。"但牛奶和黏液之间的联系只是一个误解，"伦敦皇家布朗普顿医院（Royal Brompton Hospital）的儿科肺病医生伊恩·鲍尔弗－林恩博士（Dr. Ian Balfour-Lynn）说，"而如果人们把这个误解当作真正的医学建议，可能会产生严重的后果：不给孩子喝牛奶会让他们难以获得足够的钙、维生素和卡路里。"研究表明，没有喝足够牛奶的儿童也更容易骨折、身材矮小。

这一关于牛奶的流言是从何时开始的并不清楚，可能是来自哲学家兼医生摩西·迈蒙尼德（Moses Maimonides，1135—1204），他写过，牛奶会导致"头脑堵塞"。此外，鲍尔弗－林恩在发表于《儿童疾病档案》（*Archives of Disease in Childhood*）期刊上的评论中写道，中国传统医学文献将乳制品与"湿化作用和浓痰"联系在一起。就连颇具影响力的《史波克医生的婴儿和儿童护理》（*Dr. Spock's Baby and Child Care Book*）一书也重复了这一说法。鲍尔弗－林恩在研究这个流言时发现，2011年的版本指出："乳制品可能会导致更多的黏液并发炎和更严重的上呼吸道感染不适。"根据2003年发表在《食欲》（*Appetite*）杂志上的一项研究，在澳大利亚一项对345名随机选择的购物者的研究中，111名全脂牛奶饮用者中有51人（46%）"同意"牛奶会导致黏液，鉴于该流言的影响范围，这也就不足为奇了。不过，牛奶的类型似乎会影响购物者的观点，研究发现：121名低脂牛奶饮用者中只有30人（25%），113名豆奶饮用者中只有12人（11%）同意这一说法。

牛奶的独特性可能会让这个误解持续下去。牛奶是一种乳化剂，也就是一种液体的液滴悬浮在另一种液体中。当一个人喝牛奶时，牛奶会与唾液混合。鲍尔弗－林恩告诉趣味科学网，唾液中的黏性化合物会增加牛奶的黏度、厚度和体积。他指出，由此产生的"口腔被厚物覆盖和吞咽后口腔中残留有少量乳化剂的感觉"可能会让人们认为喝牛奶会导致黏液突然增加。

然而，他发现，1948年的若干小研究表明，喝牛奶与呼吸道黏液增加无关。总之，鲍尔弗－林恩在评论中写道："虽然牛奶的质地肯定会让一些人觉得他们的唾液更黏稠，更难吞咽，但没有证据（事实上恰恰相反）表明牛奶会导致黏液分泌过量。"这位医生补充说："有关牛奶和黏液的误解需要医护人员予以坚决驳斥。"

支气管

黏液

动物

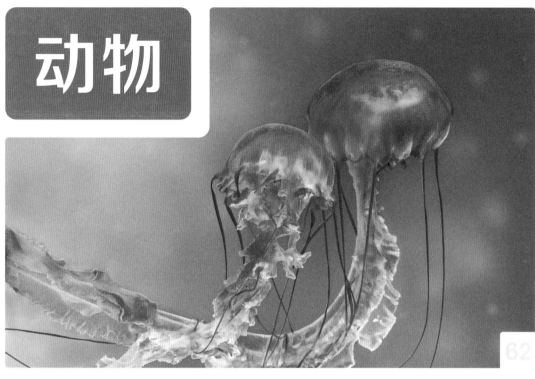

62

46

36

40

54

48

44

38

56

52

50

43

58

61

水熊虫能活多久？

水熊虫可能是地球上最矛盾的动物。这些微生物可爱得不可思议，但它们也享有传奇的声誉——地球上最强、最坚不可摧的生物。

　　体长只有 1 毫米或更短，它们小小的身体拥有生物超能力，帮助它们抵御可能导致其他生物死亡的生存条件。考虑到它们的韧性，这些生物能活多久？

　　这取决于它们生活在哪里。水熊虫在地球上几乎无处不在，但大多数都喜欢生活在潮湿的栖息地，比如河石表面的苔藓中。当水熊虫能获得足够的食物和水来维持身体机能时，它们自然地寿终正寝，寿命几乎不会超过两年半。不过，水熊虫在"隐生"状态下能活得久得多，"隐生"状态会在环境条件变得无法忍受时触发。

当处于"蛹"状态时，水熊虫可以在最极端的气候条件下生存。

"水熊虫是一种迷人的小动物，"英国南极调查局（British Antarctic Survey）的缓步动物研究员桑德拉·麦金尼斯（Sandra McInnes）说，"水熊虫有能力通过停止新陈代谢来应对极端环境，这种应对极端干燥和极端严寒的能力使它们能够长期存活于南极。"

"隐生"使水熊虫进入"蛹"状态，它们的新陈代谢会减慢到停止，对氧气的需求也会减少，细胞则几乎完全失去水分。在这种萎缩的状态下，水熊虫如此接近死亡，以至于它们能够在没有水，温度低至零下 328 华氏度（零下 200 摄氏度），高至 304 华氏度（151 摄氏度）的地方生存。当这些木乃伊一样的水熊虫再次接触到水时，它们就会恢复活力，在几个小时内恢复正常生活。它们甚至在太空中存活了下来。

麦金尼斯曾经解冻了一块以前实验剩下的苔藓样品，发现里面还有活着的水熊虫。她推测这些有机体已经在冷冻状态下存活了至少 8 年。2016 年《低温生物学》（Cryobiology）期刊发表的一篇论文引起了轰动，该论文显示，自 1983 年起就冻在一块南极苔藓样品中的少量水熊虫已经在这种寒冷环境下存活了 30 年，直到 2014 年重新恢复活力。人们认为，水熊虫这种自保天赋一定程度上是源于它们产生的独特蛋白质，这种蛋白质可以将其脆弱的细胞成分锁定在适当位置，从而保护它们的细胞膜、蛋白质和 DNA 不受破坏。

动物会数数吗？

解出复杂数学题的能力使人类有别于动物。尽管如此，一些动物似乎拥有至少一项基本的数学能力。

研究表明捕蝇草也会
数数，它们会在捕食
前计算猎物的步数。

不出意料，除了人类以外，非人灵长类动物似乎拥有最先进的计算技能。在 20 世纪 80 年代末，研究人员发现黑猩猩可以将两个碗中的巧克力数量相加（每个碗中最多有 5 块巧克力），并与另外两个碗中巧克力的总数相比较，在 90% 的时间里正确地选择两个总数中较大的那个。

20 年后，研究人员发现，恒河猴可以快速数出屏幕显示物品的数量，速度大约是大学生的 80%。在后续实验中，研究人员发现，恒河猴可以通过将它们听到的声音的数量与在屏幕上看到的形状的数量相匹配，从而进行感官上的数学运算。狮子似乎也拥有与声音相关的数感。过去的研究显示，狮子会通过入侵者的咆哮声（扬声器播放）来判断入侵者数量，并根据自己的群体有多少成员，来选择是进攻还是撤退。

其他一些哺乳动物，包括狼和黑熊，也证明了它们有能力区分数量，其他种类的动物也是如此。蜜蜂经常因其卓越的认知能力而受到称赞，包括决策能力和社会学习能力。科学家们长久以来已经了解到这种昆虫会数数——至少能数到四。20 世纪 90 年代的研究人员发现，蜜蜂离开蜂巢后，会通过对沿途地标计数（最多四个）来判断自己飞了多远，如果研究人员在试验期间改变地标的数量，蜜蜂会被搞糊涂。近期的一些研究表明，蜜蜂能够区分不同数量的点（最多四个）。不同于蜜蜂，人们通常不知道鱼有多聪明，但这种动物也有数感：对孔雀鱼的研究表明，鱼会优先选择加入数量更多的鱼群（这样也更安全）。

一些研究显示，某些动物可能天生就有数感。2015 年，科学家们发现，出生 3 天的鸡仔就能区分数量较大和较小，甚至能按照数轴方式（从左到右依次变大）来思考数字。然而，其他科学家指出，小鸡经常表现出向左或向右转的倾向，实验数据不一定可靠。但数感可能并非动物独有：金星捕蝇草也会"计数"。

巨型犰狳有 74 颗牙齿，
是陆地哺乳动物中牙齿最多的。

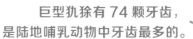

地球上
牙齿最多的
动物是什么？

**窥探一些动物的嘴巴，你会看到进化的最优秀作品。
比如蛇，它们的牙齿像针一样细，还布满了毒液。
比如海象，它们会用自己巨大的像冰锥一样的牙齿
来让自己移动。但哪种动物的牙齿最多呢？**

生活在南美洲雨林深处的巨型犰狳有 74 颗牙齿，是陆地哺乳动物中牙齿最多的。这个数字可能没那么令人惊讶，但对于哺乳动物来说已经很多了，哺乳动物实际上是地球上牙齿非常少的物种之一。

这背后隐藏着一个有趣的原因。大多数哺乳动物都是"异齿型动物"，也就是说它们的牙齿有不止一种形状，而且很复杂，能够在上颌和下颌之间精确地相互作用。这使哺乳动物能够真正磨碎食物，从而增加食物的表面积，这样能够吸收更多的能量和营养。"更少的牙齿意味着它们的上下对牙之间可以更加精确地接触并相互作用，从而最大限度地利用食物能量。"阿肯色大学（University of Arkansas）的古人类学家彼得·昂加尔（Peter Ungar）说。但是，与其他哺乳动物不同，巨型犰狳是同型齿动物，也就是说它们的牙齿没那么复杂。从前面看，它们的牙齿有点像锋利的筷子。从后面看，它们的牙齿像钉子。长着这种简单牙齿的动物适合以软体无脊椎动物为食，它们只需要一点点碾压就能释放能量。从进化的角度来说，牙齿越简单，嘴里就越能装下更多东西，再加上巨型犰狳的长卟巴，二者的结合就解释了为什么这种哺乳动物能比大多数哺乳动物长出更多的牙齿。

"不过，巨型犰狳还无法与一些鱼相提并论，这些鱼的嘴里可以同时长有数百甚至数千颗牙齿。"昂加尔说。这一发现将我们带入海洋，进入安魂鲨的下颚，它很可能是所有脊椎动物中牙齿最多的，佛罗里达鲨鱼研究项目（Florida Program for Shark Research）主任加文·内勒（Gavin Naylor）曾表示："在它们的一生中，据估计，某些种类的安魂鲨可能会生长并脱落 3 万颗牙齿。"

然而，安魂鲨还是被一种小生物盖过了风头，后者的牙齿比我们所有生物都多。

摘得牙齿最多终极桂冠的物种是伞形蛞蝓，这是一种生活在海洋中的彩色蛞蝓，一生中会消耗 75 万颗几丁质牙齿，令人难以置信。

动物能预测地震吗？

地震后大地停止震动的那一刻，一些人可能会好奇，他们的宠物或者野生动物，是否率先感到了灾难的来临。

"根据对其他几项已发表研究的新分析，这很难说。"德国地球科学研究中心（GFZ）的地震学家海科·沃伊特（Heiko Woith）说，这是因为"缺乏科学证据"。所以，鉴于目前还没有证据表明动物可以预测地震，人们应该对这些说法持怀疑态度。

"很大可能，并不是每一种异常的动物行为都与即将到来的地震有关，"沃伊特说，"相反，这些动物很可能是在对前震，即剧烈晃动之前的轻微晃动做出反应，而不是在预测地震。"

沃伊特指出，公众经常在强烈地震后联系GFZ，人们通常会问："我们是否能预测地震？因为网上有很多报道说动物能预测地震。"为了弄清这个问题的真相，沃伊特和他的同事们评估了来自160次地震的130个物种的700多份不寻常行为报告，包括昆虫、鸟类、鱼类和哺乳动物（主要是猫、狗和牛）。

沃伊特说："尽管有大量的所谓事件，但有效的信息很少。令我们感到惊讶的是，绝大多数发表的声明都建立在糟糕的观测数据之上，这些数据并不能作为科学的统计学证据。"

研究人员发现，90% 报告的案例都发生在震中 100 千米内，地震后 60 天内。然后，他们研究了前震在该地区发生的时间和地点。他们发现，这种相似性是惊人的。"动物行为前兆和前震的时空规律惊人地相似，"沃伊特说，"由此，我们得出结论，至少有一些动物异常行为可能只是与前震有关。"

为了更好地研究动物是否能预测地震，沃伊特建议研究人员提出一些问题，包括"实验设置和监测程序是否清晰描述并具有可重复性？""动物的行为真的不寻常吗？"

为什么猫咪在突袭之前会扭屁股?

许多宠物主人都可以证明,当他们的猫准备扑过来时,会先扭动屁股。

猫咪低身蹲着,扭动屁股,然后向它的目标——有时是你盖在毯子下的脚——发起攻击,这个过程几秒钟就完成了。

关于这种古怪的行为,目前还没有任何正式的研究,但一位研究动物运动的科学家说,他对猫咪在伏击前为什么会像跳电臀舞一样扭动有一些想法。

"简单的回答是,还不知道背后的科学原因。据我所知,还没有谁在实验背景下对猫咪扭屁股进行过研究。"伦敦皇家兽医学院(Royal Veterinary College)进化生物力学教授约翰·哈钦森(John Hutchinson)说。

根据哈钦森的说法,扭动屁股可能有助于猫咪将后肢压入地面,给猫增加摩擦力(牵引力),推动它们向前扑。哈钦森指出:"它也可能有一个感觉的作用,为扑向目标所需的快速神经命令做好视觉、本体感觉(对自己的位置和移动的意识)和肌肉——乃至整个猫——的准备。"

扭动屁股还能让猫咪来个有氧热身之类的。

"扭屁股可能确实能拉伸肌肉,可能有助于扑动,"哈钦森说,"但我们也不能排除这只是猫的乐趣,它们这样做是因为它们对捕猎感到兴奋、刺激。"并非只有家猫才有这种行为,野猫——是的,甚至是凶猛的猫科动物,如狮子、老虎和美洲虎,在攻击(希望不是你的脚)之前也会扭动屁股。但与狮子和老虎不同的是,家猫已经被驯化了大约一万年。所以,揭开这个扭动翘臀之谜的时机已经成熟。

哈钦森说,一个理想的实验是让猫在突袭前扭屁股或不扭屁股,这样科学家就可以确定扭屁股(或不扭屁股)对它们的突袭表现有什么影响。当然,这有点像放牧猫了。

哈钦森有很多事情要做,但他开玩笑说:"无论如何,必须要搞这个研究。在适当的时候,我将召集一些科学家和一些友好的猫。"

为什么狗在尿尿之后会抓挠地面？

如果你养狗，你很可能已经习惯了被扔一些草和泥土到脸上。

兽医专家称这种行为为"抓地"。这通常被认为是一种令人讨厌的行为，一种奇怪的、无法解释的犬类行为。但研究表明，这种行为也可以告诉我们很多关于狗的信息。

首先，并不是所有的狗都会执行把泥土抛向空中的奇怪仪式。事实上，这似乎是一种相当罕见的行为。

"雄性和雌性狗都会有这种行为，但只有大约 10% 的狗会这样做。"英国宠物行为顾问协会（Association of Pet Behaviour Counsellors）的临床动物行为学家罗茜·贝斯科比（Rosie Bescoby）说。

一系列精确的环境因素也会触发这种行为：通常情况下，当狗狗在排尿或排便后，进入一个有陌生气味的新区域，或者在闻到另一只狗的粪便时，会表现出这种热情。

"挠地并不是狗的专利，狼、土狼和其他哺乳动物，比如狮子，也会这样做。事实上，对其他动物——尤其是土狼和狼——挠地习惯的几项观察性研究，为研究人员提供了一些最有用的线索，让他们了解为什么狗会这样做。"宾夕法尼亚大学兽医学院（University of Pennsylvania School of Veterinary Medicine）的兽医行为学家卡洛·西拉库萨（Carlo Siracusa）说。

"以狼为例，它们成群而居，所以这与它们的社交天性有

关，"西拉库萨在解释之前研究的发现时曾表示，"群体中占主导地位的动物倾向于表现出这种行为来划定它们的领土。所以，它们这样做可能是在试图向其他狼群传递信息，如果它们越过这条线，它们可能会受到攻击。这种行为针对的是陌生群体，而不是群体内的同伴。"

西拉库萨说，这种领土标记过程有两个主要特点。首先，有一个视觉标记——动物在地上留下的抓痕。其次是尿液留下的气味标记，或者是狼在掀起泥土时狼爪腺体所分泌液体留下的气味标记。"这就是它背后的理论：要么你看到被动过的泥土，看到我做了这件事，要么你闻到了我的气味。"西拉库萨说。

这与我们在狗身上看到的相比如何？首先，家犬抓挠地面时，通常会在附近的树上或草丛里留下尿液标记，这映射了土狼和狼的领地标记行为。此外，狗也会从爪子上分泌特殊的标记液。

"目前还不清楚（其他）狗是否能从抓痕中嗅到气味，但我们知道狗的脚垫上有汗腺，脚趾之间的皮毛上有皮脂腺。"贝斯科比说。

西拉库萨补充说，脚上的这些腺体也会产生信息素，这意味着狗可能会把这些有气味的物质留在土壤中，然后通过激烈抓挠地面让它们广泛

"人们很容易得出这样的结论：挠地行为具有攻击性。"

传播。这可以向其他狗发送一个强大的化学信号，告诉它们自己曾经去过那里。他提醒说，目前还不清楚这些信息素的确切功能，所以很难得出它们能向其他狗传递什么信息的结论。但就像狼一样，这些信息素很可能会向附近的其他动物发出某种通知。那么，这种行为具有攻击性吗？

尽管人们很容易得出这样的结论：挠地行为具有攻击性——这是一种主动威胁的方式，如果其他狗侵犯了划定的领土，它们就会发起战斗。但西拉库萨认为，挠地行为的含义比这更微妙。家养动物并不像野生动物那样拥有和管理"领地"的意识。

因此，他认为，挠地可能只是狗狗通知其他狗狗自己存在的一种方式，而不是积极地警告其他狗狗远离，可能是为了降低它们在指定区域遇到同类的可能性。"类似于我给你留言只是想让你知道我就在你身边，"西拉库萨说，"所以，如果你认识我，我们关系很好，你待在这里是可以的。但如果我们相处得不太好，你最好离我远点。"

在对狗的临床研究中，西拉库萨还注意到（尽管只是闲谈得来的），挠地行为在紧张、缺乏安全感的宠物身上更常见，但这并不意味着所有挠地的狗都很焦虑。他强调，这完全是一种自然的行为，没有什么可担心的。很多狗，可能所有的狗，都会沉迷其中。

"但对于更急躁、更焦虑的动物来说，这可能是'一种控制空间、让这个空间更安全的尝试'，因为'它们实际上不太喜欢见到其他狗'。"西拉库萨补充道。

对狼等动物的研究
有助于深入了解狗的行为。

与人类、狗和鲸鱼等胎盘哺乳动物不同，有袋动物所生的幼崽相对发育不全，出生后需要继续在母亲的育儿袋中生长。

"如今，澳大利亚约有 250 种有袋动物，南美洲约有 120 种有袋动物。"

为什么澳大利亚有那么多有袋动物？

澳大利亚是有袋动物的王国，是毛茸茸的袋鼠、考拉和袋熊的家园。这片大陆拥有如此多的有袋动物，这就引出一个问题：这些携带育儿袋的哺乳动物是起源于此吗？

答案是绝对的"不"。根据英国索尔福德大学（University of Salford）生物学讲师罗宾·贝克（Robin Beck）的说法，有袋动物在来到澳大利亚之前至少存在了7000万年。"有袋动物绝对不是起源于澳大利亚，"贝克说，"它们是移民。"

与绝大多数哺乳动物相比，有袋动物显得奇怪。跟胎盘哺乳动物（比如人类）不同，有袋动物所生的幼崽相对发育不全，出生后需要继续在母亲的育儿袋中生长。

"幼崽出生时是活着的，但它们发育得非常差。它们通常会爬到母亲的乳头——在一个育儿袋里，紧紧含住乳头并待在那里，长时间吮吸母亲的乳汁，通常是几个月。"

有袋动物的家园

事实证明，已知最古老的有袋动物实际上来自北美，它们在至少1.25亿年前从胎盘哺乳动物中分离出来，在白垩纪时期进化而来。

贝克说："这些古老的有袋动物似乎在北美繁盛，在当时的超大陆劳亚大陆（Laurasia）上生活着大约15~20种不同的有袋动物，这些动物现都已经灭绝了。目前还不清楚为什么这些有袋动物当时那么繁盛。但由于某种原因，大约在6600万年前非鸟类恐龙灭绝的时候，有袋动物来到了南美洲。"

澳大利亚之旅

直到大约4000万到3500万年前，南美洲和澳大利亚都与南极洲相连，形成一块巨大的陆地。当时南极洲还

没有被冰雪覆盖，而是一片温带雨林。"这是一个不错的栖息地，"贝克说，"有袋动物和它们的近亲似乎是从南美洲南下，跨越南极洲，最终来到澳大利亚。甚至还有化石证据：在南极洲的西摩岛（Seymour Island）发掘出了有袋动物及其近亲的化石，包括南狨的近亲。"

澳大利亚最古老的有袋动物化石是在昆士兰州穆尔贡镇（Murgon in Queensland）附近一个廷加马拉遗址（Tingamarra）发现的，距今5500万年，贝克指出，廷加马拉遗址的一些有袋动物化石与南美洲的相似。例如，来自秘鲁的一种古老而微小的以水果为食的有袋动物Chulpasia与在廷加马拉遗址发现的另一种有袋动物化石有亲缘关系。

不过，在廷加马拉发现的另一种有袋动物，以昆虫为食的Djarthia，可能是所有如今生活在澳大利亚的有袋动物的祖先。

在廷加马拉之后，澳大利亚的化石记录有很长时期的空白，有记录的第二古老的有袋动物化石距今有2500万年的历史。"我们清楚地看到，之后澳大利亚内部发生了巨大的变化，"贝克说，"然后我们就看到了考拉，看到了袋熊的亲戚，看到了袋狸的亲戚。"他说，基本上，如今澳大利亚所有主要的有袋动物群体都是在2500万年前出现在这片大陆上的。

尽管它们在澳大利亚也有悠久的历史，但是，像其他许多生物一样，它们的起源地距离如今的家园可谓天南海北。

为什么寒武纪生物看起来那么怪异？

一种带刺的蠕虫，长着面条一样的腿。一种巨大的捕食者，看起来像是海象和家蝇的混合体。许多在 5.41 亿~4.85 亿年前寒武纪时期进化的动物与现代生命形式相比似乎很怪异。

这个古老时代的动物当然是与众不同的。其中比较著名的一种是怪诞虫（Hallucigenia），这种蠕虫因其与发烧做梦的产物相似而得名。这种脊椎生物的化石于 20 世纪初在加拿大落基山脉（Canadian Rockies）的伯吉斯页岩（Burgess Shale Formation）化石矿床中被发现。科学家们发现怪诞虫的体型令人非常困惑，以至于花了数年时间才确定哪一端是头部。

另一种是欧巴宾海蝎（Opabinia），这是一种寒武纪的无脊椎动物，它的头顶上有 5 只带柄的眼睛，面部长着长而灵活的象鼻状嘴巴，嘴巴顶端还长着爪子。当哈里·惠廷顿（Harry Whittington）在 20 世纪 70 年代的一次会议上首次向同事展示他重建的化石时，这群古生物学家哄堂大笑。惠廷顿后来在对欧巴宾海蝎的详细研究中讲述了这种反应，他把这种反应视为"对这种动物的奇特性的致敬"。他得出结论，这种动物可能是用它不雅观的面部附属物来挖食物吃的。

"所有这些长相怪异的动物都是在地球历史上的一个特殊时期进化而来的，"无脊椎古生物学家兼哈佛大学有机体和进化生物学的助理教授杰维尔·奥尔特加－埃尔南德斯（Javier Ortega-Hernández）说，"在寒武纪之前的数十亿年里，简单的水下微生物是地球上唯一的生物。到了寒武纪初期，小动物开始吃这些微生物，但是它们停留在海底的平面上，不能去更深处，也不能到水面上活动。"然后，在 5.41 亿年前，类虫动物进化出了第一块简单肌肉。"这真的改变了整个游戏。"奥尔特加－埃尔南德斯表示。有了移动的力量，蠕虫得以钻入海底，它们可是带着氧气的。

"突然，砰，"奥尔特加－埃尔南德斯说，"我们就有了这些活力满满的海洋沉积物。"

能在海底表面上下移动为动物们提供了新的谋生机会。寒武纪早期，新的生命形式快速扩张，动物们适应了新的栖息地、食物来源、捕食者和猎物。这一次，通常被称为"寒武纪大爆发"——产生了许多至今仍与我们同在的动物谱系，包括一些最早的软体动物和节肢动物。许多寒武纪动物在过渡到下一个地质时期——奥陶纪期间灭绝了，但一些寒武纪的神奇生物至今仍与我们同在。

像这样的化石让我们第一次见识了这些不可思议的生物。

为什么蚊蚋成群结队的？

几乎没有什么比你正沿着运河骑自行车，结果一头撞进一群聚集在水边的蚊蚋更糟糕的了——蚊蚋是一种小型蚊子的名字。为什么蚊蚋总是挤在一片狭小的空间里？

答案是，这能让雄性和雌性之间更容易发生性关系，爱荷华州立大学昆虫学教授格雷戈里·考特尼（Gregory Courtney）表示。

"最重要的是，大多数雄性飞虫都会成群结队，"考特尼说，"这是两性找到彼此的重要机制。"雄蚊为了吸引雌蚊总是聚集在一起，但聚集的位置取决于它们周围的环境。

"通常情况下，昆虫群会围绕特定的物体或视觉标记而形成——可能是溪流上方的涟漪或路边的围栏。"他说。虫群标记包括各种与周围景观形成对比的物体，这使得同一物种的雌性更容易看到昆虫群。通常，昆虫群出现在阳光充足的地区，所以当太阳光线改变位置时，昆虫群也会移动。

"蚊蚋在空中的性行为也有不利的一面，"考特尼说，"这样捕食者很容易就能看到它们。例如，掠食性蜻蜓会在蚊群间飞来飞去，在飞行中享受多轮大餐。"

蚊群的定义就像蚊群本身一样不固定。"这是一种以吸引配偶为目的的个体聚集，"考特尼说，"它可能是六个个体聚集在一起享受下午的快乐时光，也可能是数百万个个体同时聚集在一起。"

雌性从不成群结队，相反，它们进入雄性同伴的群体只是为了交配。考特尼承认，试图追踪雌性飞进嗡嗡队后发生了什么真的很令人沮丧。"我很容易就能发现一只雌性飞过河上，因为她的飞行模式与雄性截然不同，"他说，"但一旦她进入雄群，我就找不到她了。"

这会使研究充满挑战。考特尼可以确定雌性进入了雄群的哪个位置，但无法确定她是四处寻找理想的雄蚊，还是与她遇到的第一只雄蚊开始交配。考虑到蚊虫通常寿命很短——有些活不过几个小时，有些活不过几天——群集可能是雄性短暂生命中最重要的事情。

"人们对蚊群中的某些位置是否对雄性交配更有利，以及雄性之间是否存在竞争以获得这些位置的问题很感兴趣。"考特尼说。大多数蚊群都遵循一种特定的运动模式，比如独特的来回或旋转模式。遵循这些模式可以防止个体之间不断地碰撞。考特尼还说，昆虫已经适应了灵活的飞行。他表示："真正的双翅目昆虫只有两只翅膀，它们的后翅已经退化成了定位和调节器官，称为平衡棒。"平衡棒能反馈蚊蝇的身体在空中是如何旋转的，据考特尼说，这种特殊的平衡器官被认为与成群行为直接相关。不过尽管这些蚊群可能会让人讨厌，但它们并不是故意聚集在人类周围的。

动物会被晒伤吗？

对于很多动物——包括人类——来说，懒洋洋地在阳光下晃悠是极大的生活乐趣之一。但不幸的是，这种消遣是要付出代价的。

如果动物也会被晒伤，那为什么我们从没见过晒伤的鱼，或者皮肤被晒红的大象呢？

"你想想，太阳早在地球之前就存在了，每个个体都暴露在阳光下，"墨西哥克雷塔罗自治大学（Autonomous University of Queretaro）的分子流行病学家卡琳娜·阿塞韦多－怀特豪斯（Karina Acevedo–Whitehouse）说，"所以，太阳施加在动物身上的进化压力是很强的，导致动物们进化出许多抵御机制。"

其中一些抵御机制十分明显：许多生物身上的皮毛、软毛、羽毛和鳞片都为它们在阳光和皮肤之间搭建了屏障。这些适应性措施非常有效，只有人类干预时才会失效。例如，人类圈养的家猪毛发更少，比起野生的亲戚，它们对晒伤更敏感。

那些天生毛发少、没有鳞片的动物就必须另辟蹊径来自我保护了。大象和犀牛不仅有着更厚实的皮肤，而且经常会把泥土当天然防晒霜来涂满全身。还有一些物种则下血本了，它们会从自己的细胞中产生一种独特的防晒霜。俄勒冈州立大学（Oregon State University）的分子生物学家泰夫·马哈茂德（Taifo Mahmud），在鱼类、鸟

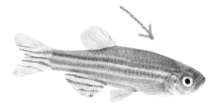

斑马鱼也许能让我们了解如何保护自己免受紫外线的伤害。

类、爬行动物和两栖动物身上发现了一种基因特征，这种特征使它们能够分泌一种叫作 gadusol 的化合物，这种化合物可以防止太阳紫外线的照射。

为什么人类和其他哺乳动物不能产生 gadusol 呢？"有一种说法是，最初的哺乳动物是夜行动物，这是因为它们没有可以产生 gadusol 的基因吗？我们不得而知，"马哈茂德说，"我觉得如果能弄清楚皮毛和厚实皮肤是否是在进化过程的后期进化出来的，会很有趣。"

众所周知，河马的毛孔中会分泌一种看起来像血液的猩红色液体，直到 2004 年，一个日本科学家团队才发现这种皮肤涂层液体中的橙红色化合物可以保护它们免受紫外线的伤害。其他动物则集中对身体最脆弱的部位进行防晒。

所以，动物会被晒伤吗？会的。"海洋哺乳动物，特别是鲸类动物（鲸、海豚和鼠海豚）是例外，因为它们没有皮毛，也没有鳞片。"阿塞韦多－怀特豪斯说，她已经研究鲸鱼晒伤问题超过五年了。

从鲸鱼背部采集的皮肤样本中，阿塞韦多－怀特豪斯和她的同事发现了晒伤的迹象。但关键是，他们还发现鲸鱼有专门的机制来帮助它们抵消这种灼伤，包括色素、遗传倾向和坚硬的皮肤层。

鲸鱼可以保护自己不受晒伤的影响。

象宝宝会用泥土来当防晒霜。

"从保护性的覆盖物，到自产防晒霜，再到快速愈合，这些对阳光敏感的动物也许有一天会给我们提供拯救自己皮肤所需的线索。"

松鼠是怎么记住它们的坚果储藏地的?

很少有什么能比看到一只松鼠在公园里蹦蹦跳跳、勤奋地埋藏坚果更能象征秋天的到来了。随着天气变冷，松鼠就会做出这种狂热行为，为即将到来的冬季粮食短缺做准备。

但你有没有想过，松鼠的这个户外食品储藏室项目到底有多少效果呢? 松鼠是怎么找回这些埋藏起来的宝贝的呢?

首先，让我们稍微回溯一下松鼠埋藏食物的方法，因为其中隐含着一些有趣的线索。动物们对过冬食物的储存并不是随意存放的，它们通常会运用两种策略的其中一种。它们要么是储藏室式贮藏，也就是把所有的食物都储存在一个地方，要么是分散式贮藏，也就是把食物分开藏在不同的地方。

大多数松鼠都采用分散式的贮藏方法，因此，它们会在自己埋藏的不同的食物堆之间奔跑。"这种方式可能是为了降低遭受重大损失的风险才进化而来的。"加州大学戴维斯分校（University of California, Davis）兽医学院的博士后迈克尔·玛丽亚·德尔加多（Mikel Maria Delgado）说，她研究松鼠行为已有多年。

在最近的研究中，德尔加多发现松鼠会根据特定的特征，比如坚果的类型，来安排和埋藏它们的贮藏物。这种方式被称为"分块"，研究表明，在其他物种中，这种行为可以让动物在脑子里安排它们的贮藏物，可能有助于它们以后记住位置。

这一研究打消了人们认为松鼠是随意把食物扔到地上的洞里、抱希望于以后能偶然发现的想法。"关于松鼠如何处理和埋藏食物的研究清楚地表明，它们的行为不是随机的，"德尔加多说，"相反，在它们储存食物的方式背后，似乎有着一丝不苟的策略。"

如何解释它们是怎么找到巧妙隐藏的食物的? 研究表明，取决于松鼠的种类和坚果的类型。松鼠通常可以找回高达 95% 的埋藏食物。所以这个过程的背后显然不只是偶然。

长期以来，人们一直认为松鼠只是依靠它们的嗅觉来寻找食物。虽然气味肯定是线索之一，但有越来越多的研究表明，记忆起着更重要的作用。

1991 年发表在《动物行为》（*Animal Behavior*）期刊上的一篇开创性研究论文表明，即使多只灰松鼠一起把它们的贮藏物埋在离彼此很近的地方，这种松鼠的个体也会记住并返回自己藏品的准确位置。这与其他多项研究相呼应，表明松鼠的空间记忆能帮助它在脑子里绘制出周围的版图来寻找食物。在某些条件下——比如坚果被埋在雪里，嗅觉并不总能有效帮助它们找到食物。所以，松鼠依赖其他线索找回食物是有道理的。

"虽然松鼠可能也会通过嗅觉来定位自己分散储藏的食物，但它们确实记得自己的贮藏物在哪里。我们不知道确切的机制，但很可能包括环境中的空间线索。"德尔加多说。

最先在松鼠身上发现的组织分块行为可能为松鼠提供了助力，让它们难以忘记自己埋藏的食物。德尔加多在《皇家学会开放科学》（*Royal Society Open Science*）研究中写道，这种策略可以"减少记忆负荷"，帮助松鼠回忆起它们把食物藏在哪里。她说："还没有人直接测试过'分块'对松鼠的潜在好处，但我们预计它可能有助于松鼠未来找回贮藏物。"

研究人员观察到，当松鼠把食物分散储藏在限定区域时，它们似乎也能一一记住自己贮藏物的位置，这表明它们在脑海中建立了一幅关于食物所在位置的详细地图。

在过去的几十年里，大量的研究揭示了松鼠可不像人们看到的那样简单。研究人员认为松鼠甚至可以进行质量控制。研究人员观察到，这些动物在埋藏坚果之前，会花很长一段时间翻找坚果，判断是不是它们所需的。

"长期以来人们认为松鼠只依靠嗅觉找回食物。"

世界上最大的恐龙是什么？

世界最大恐龙的头衔之争很复杂，但并非无法回答。

复杂的原因是：古生物学家很少能找到一具完整的恐龙骨架，他们更多的是发现了骨头碎片，然后尝试据此估算恐龙的大致身高和体重。而且，有记录的最大恐龙有三个分类：最重、最长和最高。

从最重的开始，这枚金牌的得主很可能是阿根廷龙（Argentinosaurus）。这种巨型泰坦巨龙（泰坦巨龙是一种巨大的蜥脚类动物，一种长颈长尾的食草恐龙）生活在距今大约 1 亿到 9300 万年前的白垩纪时期，区域在现在的阿根廷。

但众多研究人员对阿根廷龙体重的估计有很大差异。根据伦敦自然历史博物馆的数据，这种野兽重达 77 吨。而根据纽约市美国自然历史博物馆的数据，最多可达 90 吨。据 BBC《地球》（Earth）纪录片，则重达 110 吨。

也难怪这些计算参差不齐，人们只能从 13 块骨头中去了解阿根廷龙：6 块中背部椎骨、5 块髋骨碎片、1 块胫骨和 1 块肋骨碎片。"在一些草图中，你会看到还有一根股骨，但这根股骨是在 15 千米外被发现的，谁知道它是不是同一只恐龙的？"新泽西州葛拉斯堡罗的罗文大学（Rowan University）古生物学和地质学教授、地球与环境学院院长肯尼思·拉科瓦拉（Kenneth Lacovara）说。

另一个竞争者是巴塔哥泰坦龙（Patagotitan），这是一种生活在大约 1 亿年前的泰坦巨龙，体重高达 69 吨。然而，拉科瓦拉指出，这个重量是根据不同个体的组合计算得出的（总共发现了 6 只恐龙），而不仅仅是 1 只恐龙。

这里就出现了一个问题：科学家是如何计算灭绝动物的体重的？拉科瓦拉表示，有三种方法。首先是最小轴围法，科学家测量出同一头恐龙的肱骨和股骨的最小周长，然后把这些数字代入一个公式，得出的结果与动物的质量高度相关。拉科瓦拉说："这是有道理的，因为所有四足动物都必须把身体的全部重量放在这四块骨头上。因此，这四块骨头的结构特性与质量密切相关。"

然而，这种方法需要进行说明。拉科瓦拉说："如果肱骨和股骨来自不同的个体，就像巴塔哥泰坦龙一样，结果是对一个从未实际存在过的复合个体的估计。"此外，如果只使用一块骨头，那么缺失的骨头的比例就只能靠猜测了。"显然，这会带来更多的不确定性，"他说，"这样的例子有南方巨像龙（Notocolossus）和潮汐龙（Paralititan）。"已知的拥有同一个体的肱骨和股骨的最大恐龙是 7700 万年前的无畏龙（Dreadnoughtus），这

梁龙

霸王龙

蜥脚类动物的特点是脖子和尾巴很长，是当时最大的动物之一。

雷龙

阿拉摩龙

腕龙

棘龙

是一种重 65 吨的泰坦巨龙，其骨头碎片由拉科瓦拉和他的团队在阿根廷挖掘出。

第二种是体积法，研究人员先确定恐龙的身体体积，再用这个数字来计算恐龙的体重。这很有挑战性，因为人们掌握的大多数泰坦巨龙的骨骼都不完整（无畏龙是最完整的，有 70%；阿根廷龙只有 3.5%）。此外，研究人员还必须猜测肺和其他充满空气的结构占据了多少空间。专家们还不得不推测这些特殊恐龙的皮肤是"肥肥的还是皱缩的"。

"在我看来，这种方法是行不通的，而且缺乏可复制性，而可复制性正是科学的标志之一。"拉科瓦拉说。

最后一种方法是大胆猜测：科学家们就是这样估计那些没有保存下来任何肱骨或股骨的恐龙的体重的。"这样的例子有阿根廷龙、富塔隆柯龙（Futalognkosaurus）和普尔塔龙（Puertasaurus）。"拉科瓦拉说，"它们显然很大，但没有系统的、可复制的方法来估计它们的重量。"

我们继续，最长的恐龙是什么呢？"这一荣誉可能属于梁龙（Diplodocus）或马门溪龙（Mamenchisaurus），它们可以被描述为细长的蜥脚类恐龙，"拉科瓦拉说，"两者的体长都是从相当完整的骨架中得知的，两者都有大约 35 米长。"

相比之下，泰坦巨龙要矮一些，尽管按我们的标准来看仍然相当大。例如，巨大的无畏龙"只有"大约 26 米长。

帝企鹅爸爸是怎么给企鹅蛋保暖的？

好像生活在寒冷的南极还不够艰苦一样，这些企鹅还必须在隆冬繁殖，它们必须保护好它们的蛋免受风雪的侵袭。

帝企鹅实际上是唯一一种采用只在冬天繁殖这一冒险策略的企鹅物种，它们组成有几千只企鹅的巨大群体同期繁殖。雌企鹅产下巨大的蛋后，会花几个月的时间到海里捉鱼补充营养，这期间雄企鹅会留下来，每只负责孵化一枚蛋，因为它们生活的冰层温度越来越低。帝企鹅在冬季繁殖的原因归结为某种非常严格的时间限制。当几千只幼崽在企鹅群落中破壳而出时，它们需要成吨的鱼、鱿鱼和磷虾作为食物。但这巨量的食物只在春天才有，那时横亘在帝企鹅与大海之间的广阔的冰冻海洋将融化、破裂。

为了保持热量，雄企鹅会用脚跟和尾巴保持平衡，尽可能少地接触到冰面

"它们很好地适应了这些环境，而且非常成功地做到了自己要做的事情。"

帝企鹅孵化一枚蛋需要大约四个月的时间。"这意味着只有从冬天开始孵蛋，小企鹅才会在海洋资源最丰富的时候孵化，"英国南极调查局（British Antarctic Survey）保护生物学的负责人菲利普·特拉森（Philip Trathan）说，"如果（企鹅）每次觅食都要在海冰上跋涉200千米，它们根本没有时间繁殖。"

帝企鹅爸爸肩负着保护孩子们免受暴风雪和零下气温侵袭的艰巨任务，它们基本上已经进化成了"会走路的热水瓶"。

首先，这些企鹅几乎完全被一层几厘米厚的浓密羽毛覆盖，这层羽毛能让它们自己的身体和蛋免受风雪侵袭。像许多企鹅物种一样，帝企鹅的腹部也有一块裸露的皮肤，称为"育儿袋"，用来保护蛋。帝企鹅爸爸巧妙地将蛋平衡在脚上，让蛋紧紧贴着裸露的皮肤，然后把柔软的腹部羽毛覆盖在蛋上，使后代完全与外面的冰冻世界隔绝。

"由于皮肤下分布的血管，企鹅蛋与皮肤直接接触会受热。"苏格兰格拉斯哥大学（University of Glasgow）的热生态学家多米尼克·麦卡弗蒂（Dominic McGafferty）说。育儿袋也有生物学上的好处，麦卡弗蒂说："皮肤本身富含温度感知神经元，可以感知蛋的温度。"这能让帝企鹅爸爸感知蛋的健康状况，当蛋需要覆盖更多羽毛来保持舒适时，它会得到提醒。

但这一切都依赖于帝企鹅爸爸能够为了自己和孩子的利益保持对外绝热。新西兰坎特伯雷大学（University of Canterbury）地学系南极门户的讲师米歇尔·拉鲁（Michelle LaRue）专门研究南极物种的种群动态，她说："帝企鹅的几个适应能力之一就是不会把热量流失到周围环境中。"而这种能力的部分来源就是确保自己尽可能少地接触冰。

为了做到这一点，这些企鹅会把脚尖抬离冰面，身体后倾，用尾巴尖保持稳定。"它们搭建了这种两脚跟一尾巴的三脚架，所以它们全身唯一接触冰面的只有脚跟和尾巴——我认为这很不可思议，"拉鲁说，"它们看起来有点像坐在摇椅上！"帝企鹅爸爸可以一连几个月都保持这种姿势。"它们的适应力非常强。我对它们生存的方式感到敬畏。"拉鲁补充道。

普通楼燕可以飞行 10 个月不着陆，尽管科学家们没有直接的证据证明这一点。

有不需要睡眠也能存活的动物吗？

有些动物喜欢倒挂着睡觉。有些动物每几小时就要睡一次觉。有些动物喜欢把自己埋在泥里睡觉。不管它们喜欢哪种模式，蝙蝠、大象、青蛙、蜜蜂、人类，等等，都有一个共同点：要睡觉。

19 世纪 90 年代，俄罗斯早期的女医生之一，玛丽·德玛纳西（Marie de Manacéïne），就曾为睡眠的奥秘所困扰，她在动物身上进行了第一次睡眠剥夺实验。这位医生使用了一种现在看来相当残忍的方法，让小狗们持续保持清醒，结果发现它们在被剥夺睡眠几天后就死了。在随后的几十年里，她使用其他动物（如啮齿动物和蟑螂等）进行的睡眠剥夺实验发现了类似的致命结果。然而，这些例子中动物死亡的根本原因以及死亡与睡眠之间是否有必然联系尚不能直接证明。

睡眠时间超短的动物

虽然完全不睡觉似乎很危险，但有些生物的睡眠时间可以非常短暂。它们可能是人类理解睡眠功能的关键。

发表在《科学进展》（Science Advances）期刊上的一项研究监测了果蝇的睡眠习惯。"我们发现，一些果蝇几乎从不睡觉。"研究报告的合著者、伦敦帝国理工学院（Imperial College London）系统生物学讲师乔治·吉列斯特罗（Giorgio Gilestro）说。

吉列斯特罗和他的同事们观察到，6% 的雌性果蝇每天睡眠时间少于 72 分钟，而其他雌性果蝇的平均睡眠时间为 300 分钟，甚至有一只雌果蝇平均每天只睡 4 分钟。在进一步的实验中，研究人员剥夺了果蝇 96% 的睡眠时间。但这些果蝇并没有过早死亡，相反，它们和正常睡眠的对照组活得一样久。

实验之后，吉列斯特罗和其他一些研究人员开始怀疑，睡眠是否没有人们想象的那么必要。在 2016 年的一项研究中，罗登伯格（Rattenborg）和他的同事们在加拉帕戈斯群岛（Galápagos Islands）上为大军舰鸟安装了一个小设备来监测它们的脑电波活动。监测器显示，当这些鸟在海洋上空翱翔时，它们有时会让大脑的一个半球进入睡眠状态。有时候，它们甚至会在飞行中让两个大脑半球一起睡觉。

但也许更令人惊讶的是，研究发现军舰鸟在飞行时平均每天只睡 42 分钟，尽管它们在陆地上的睡眠时间通常超过 12 小时。罗登伯格认为是否我们能找到一种根本不睡觉的动物呢？"一切皆有可能。"他说。

和我们一样，金鱼在黑暗而安静的环境中会睡得更好。

野牛（bison）和水牛（buffalo）：有什么不同？

体格魁梧、毛发蓬乱的北美有蹄哺乳动物野牛，对许多人来说，是美国西部的代表，通常被称为水牛。

水牛

野牛

尽管它们与旧大陆的水牛物种——亚洲水牛和非洲角水牛属于同一科，但与这些物种并没有密切的关系，因此"水牛"这个共同的名字具有误导性。

当第一批欧洲移民抵达北美时，多达 6000 万头野牛就栖息在这片大陆的草原上。这些早期的移民可能看到了野牛和已知水牛物种之间的相似之处，他们把这种大型动物交替称为"野牛"和"水牛"。尽管这个名字在科学上不准确，但还是流传了下来。

这个错误多少是可以理解的。牛科由 100 多种有蹄类哺乳动物组成，野牛和水牛都属于其中。美洲野牛只在北美发现，其近亲欧洲野牛在白俄罗斯、立陶宛、波兰、罗马尼亚、俄罗斯、斯洛伐克、乌克兰和吉尔吉斯斯坦都能找到，目前估计约有 1800 头自由放养的野牛。野牛可能在距今大约 40 万年前，从亚洲穿过一座古老的大陆桥，首次抵达北美。不过尽管野牛和水牛都是体型类似于家牛的大型牛科动物，但它们在身体上有显著的区别。

美洲野牛，体重可达 900 公斤——有着异常巨大的头部和肩峰，两者都覆盖着厚厚的皮毛。肩峰上巨大而强壮的肌肉使野牛在冬天可以用头部作为强大的扫雪机，通过摆动头部把大堆的雪推到一边。

相比之下，非洲和亚洲的水牛没有任何隆起，它们的头骨比野牛的头骨小。虽然它们的头可能不够大，但这两种水牛的角都很宽，足以弥补这一点。

根据《生命百科全书》（*Encyclopedia of Life*），亚洲水牛的角很大，呈新月形，向上弯曲，长度可超过 2 米。野生雄性水牛体重超过 1200 公斤，而驯化的亚洲水牛——分布在亚洲各地——体重通常只有 550 公斤左右，约为野生雄性水牛体重的一半。

据非洲野生动物基金会（AWF）介绍，非洲角水牛原产于非洲南部、西部、东部和中部的稀树草原和大草原，它们通常聚集在水边。雄性角水牛头上有一个护盾，角从这里长出来，向下延伸，然后再次卷曲起来，体重可达 680 公斤。

根据美国内政部的数据，目前大约有 1 万头野牛仍在北美的 12 个州游荡，这些动物平均每天花 9—12 个小时寻找杂草、牧草和多叶植物。

"地中海的水手们用鸟来指引迷失的船只驶向陆地。在城市里，它们作为可以远距离传递重要信息的空中信使，变得越来越有价值。"

为什么城市里有那么多鸽子?

它们在人行道上啄食,它们在我们头顶咕咕叫,它们成群结队地飞过城市广场:鸽子已经成为我们城市景观中的一道固定风景线。

虽然许多人对这些无处不在的生物充满怨恨,给它们贴上"长翅膀的老鼠"的标签,但很少有人会停下来思考鸽子最初是怎么变得如此众多的,以及我们自己在它们的城市殖民过程中可能扮演了什么角色。

事实上,如今全世界范围内有超过 4 亿只鸽子,其中大多数都生活在城市里。但这种状况并非一直如此。我们今天所认识的城市鸽子实际上是一种被称为岩鸽的野生动物的后代:正如它的名字所暗示的那样,这种鸟更喜欢栖息在海岸边的岩石峭壁上,而不是享受城市生活的便利。

文字和化石记录显示,早在一万年前,生活在古美索不达米亚(今天的伊拉克)和古埃及的人们就开始把这些鸽子哄到人类居住的区域,鼓励它们在自己的土地上栖息和繁衍后代。"那时候,人们把岩鸽带到城市里,作为家禽食用。"研究鸟类飞行和行为的比较生态生理学家史蒂夫·波图加尔(Steve Portugal)讲述过这一历史。这些肥美的鸟成了蛋白质和脂肪的珍贵来源。然后人们开始驯化和养殖这些鸟类,创造出了亚种,从而演变出今天所知的城市鸽子。

在这个过程中,人们开始意识到,鸽子的用途远远不止食用。随着这些鸟在中东、北非和西欧越来越受欢迎,人们开始利用它们的导航天赋——这也是让信鸽闻名于世的技能。古代记录显示,地中海的水手们用这种鸟来指引迷失的船只驶向陆地。在城市里,它们作为可以远距离传递重要信息的空中信使,变得越来越有价值。

从那时起,人类对这种动物的喜爱只增不减:尽管鸽子最初是作为一种食物来源被驯化的,但"随着其他家禽变得越来越受欢迎,人们不再喜欢把鸽子作为食物,开始把饲养鸽子作为一种爱好。"纽约市福特汉姆大学(Fordham University)研究城市鸽子进化的博士生伊丽莎白·卡伦(Elizabeth Carlen)说。

到了 17 世纪,成千上万非美国本土物种的岩鸽被船只运到了北美洲。"与其说这些鸟是一种食物来源,不如说是它们从欧洲被带到美国,以迎合业余爱好者日益增长的养鸽趋势。"洛杉矶县自然历史博物馆恐龙研究所(Dinosaur Institute at Los Angeles County Museum of Natural History)和南加州大学(University of Southern California)的古生物学家迈克尔·哈比卜(Michael Habib)说。不可避免地,这些鸟逃离了圈养,开始在美国的城市中自由繁衍。"我们创造了这个新的(城市)栖息地,然后我们基本上设计了一种动物,它们在这个新栖息地生活得很好,"哈比卜说,"它们成功地定居在了城市里,因为我们设计了这一切,让它们能舒适地生活在人类周围。"

人们开始意识到,鸽子的用途远远不止食用。

动物在水下如何呼吸？

鱼就在水下呼吸，水母、海星和海参都是。
它们从水中而不是空气中获取氧气。

数亿年前，人类非常久远的祖先，以及所有陆生脊椎动物的祖先，都有在水下呼吸的能力。但在第一批呼吸空气的生物开始完全在陆地上生活之后，这种能力就消失了。如今，人类只能通过特殊设备提供氧气才能在水中呼吸。

碰巧的是，地球上大部分的海洋、湖泊和河流中都有大量的溶解氧，尽管我们呼吸空气的肺根本无法获取，但是世界上的水中居民已经进化出了几种从水中获取氧气的方法。

一种古老的形式

"有些动物，比如水母，直接通过皮肤来吸收水中的氧气，它们体内的胃血管腔有双重作用：消化食物和将氧气和二氧化碳输送到周围组织。"北卡罗来纳大学阿什维尔分校（University of North Carolina, Asheville）的助理教授丽贝卡·赫尔姆（Rebecca Helm）说。

"事实上，地球最早的利用氧气的微生物生命形式与水母一样通过扩散作用获得氧气。这种呼吸形式大概出现在 28 亿年前，在蓝藻开始向大气中输送氧气后的一段时间。"海洋科学家朱莉·伯瓦尔德（Juli Berwald）说。她是《脊椎：水母的科学和长脊骨的艺术》（*Spineness: The Science of Jellyfish and the Art of Growing a Backbone*）一书的作者。

后门方法

在棘皮动物中也发现了通过在体表扩散氧气来呼吸的方法。棘皮动物是一类海洋动物，包括海星、海胆和海参。当海水流过海星皮肤上被称为"丘疹"的肿块，流过被称为"管足"的其他结构时，海星就从水中吸收到氧气了，华盛顿特区史密森尼国家自然历史博物馆（Smithsonian National Museum of Natural History in Washington, D.C）的研究人员、无脊椎动物学家克里斯托弗·马（Christopher Mah）曾解释过这一方法。

不过，某些类型的浅水海参拥有一种不同的适应呼吸的特殊结构：位于肛门附近体腔中的呼吸"树"结构。当海参的直肠开口将水吸入体内时，这个呼吸"树"就提取氧气并排出二氧化碳。

一幅"鳃的蓝图"

在鱼身上，鳃已被证明是一种成功的呼吸系统，它利用血管网络来从流水中吸收氧气，并通过鳃盖膜将氧气扩散到全身。

"在大多数鱼类中，鳃都有'相同的基本蓝图'。"路易斯安那州尼科尔斯州立大学（Nicholls State University in Louisiana）生物科学系助理教授所罗门·大卫（Solomon David）说。

"它们生来就有这种逆流交换气体的能力——吸取氧气，释放废气。"大卫补充道。当鱼张大嘴巴时，一股水流会从鳃上流过。鳃那红色的、高度血管化的组织会吸收水中的氧气并排出二氧化碳，有点像我们肺泡中的毛细血管，然而鳃并不是万能的，为了适应自己的氧气需求，不同物种的鳃结构天差地别。如果你是一个活跃的捕食者，一直在游动捕食，你会有不同的鳃来满足更高的氧气需求。鳃的形状在同一物种的不同个体之间也会有所不同，具体取决于氧气条件。

水母没有鳃，依靠皮肤吸收氧气。

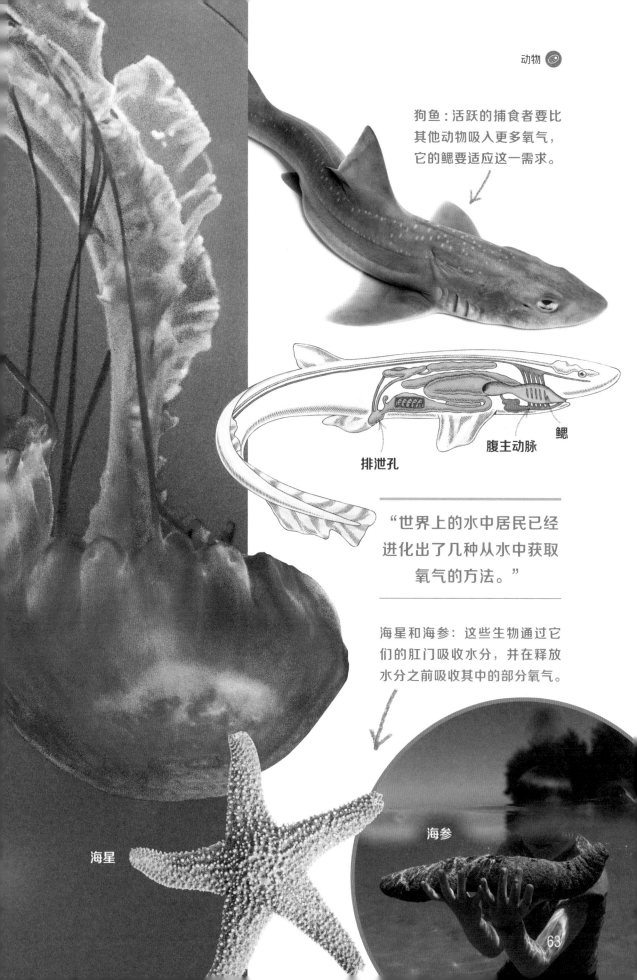

狗鱼：活跃的捕食者要比其他动物吸入更多氧气，它的鳃要适应这一需求。

鳃

腹主动脉

排泄孔

"世界上的水中居民已经进化出了几种从水中获取氧气的方法。"

海星和海参：这些生物通过它们的肛门吸收水分，并在释放水分之前吸收其中的部分氧气。

海星

海参

周围世界

72

74

80

76

未来会出现另一个盘古大陆吗？

就在恐龙时代之前——大约 2.51 亿年前——地球上的大陆彼此毗邻，合并形成了超大陆——盘古大陆。这块陆地最终一分为二。

之后，这两块大陆分裂成了我们如今所知道的七大陆地板块。但地球构造板块的持续运动提出了一个问题：会出现另一个盘古大陆那样的超大陆吗？

答案是肯定的。在地球 45 亿年的地质历史中，盘古大陆不是第一块超大陆，也不会是最后一块。地质学家一致认为，超大陆的形成有一个确定的、相当规律的周期。过去曾经出现过三个超大陆。第一个是努纳大陆（Nuna，也叫哥伦比亚大陆），大约存在于距今 18 亿到 13 亿年前。接下来出现的是罗迪尼亚大陆（Rodinia），存在于距今 12 亿到 7.5 亿年前。所以，没有理由认为未来不会形成另一个超大陆。大陆的聚合和扩张与构造板块的运动密切相关。地壳分为九个主要板块，它们在地幔上滑动——地幔是位于地核和半固态地壳之间的液态层。在地幔发生"对流"的过程中，较热的地幔物质从地核附近上升到地表，而较冷的地幔岩石则下沉。地幔物质的上升和下降要么将板块分开，要么通过将一个板块推到另一个板块之下而将它们挤在一起。

科学家们可以用 GPS 设备来追踪构造板块的运动，但为了拼凑出数百万年前这些板块的情况，古地质学家不得不求助于地壳中的天然磁铁。当两块板块碰撞交汇处的热熔岩冷却时，熔岩中的一些含有磁性矿物的岩石，如磁铁矿，会与地球当时的磁场对齐。当冷却的岩石随着构造板块运动时，科学家们可以利用这种排列来计算这些磁体过去在纬度上的位置。

大约每 6 亿年就会形成一个新的超大陆，但这个周期可能正在缩短。这表明，下一个盘古大陆，被称为阿玛西亚大陆（Amasia，或比邻盘古大陆），将比我们的预期更早形成。米切尔（Mitchell）认为，这个周期之所以缩短，是因为地球内部储存在地核的热量正在消散，这导致对流发生得更快。

然而，预测阿玛西亚大陆的形成年份并不是那么简单。板块运动可能会发生意想不到的变化，海底的缺陷会导致板块运动偏离轨道。这些板块每年只移动几厘米，跟你头发和指甲生长的速度大致相当。

构造板块

大陆的聚合和扩张与构造板块的运动密切相关。

地球的进化

在这里你能看到超大陆是怎么形成的，以及它现在是什么模样。

盘古大陆
2.25 亿年前

侏罗纪时期
1.5 亿年前

现在

> "在地球 45 亿年的地质历史中，
> 盘古大陆不是第一块超大陆，
> 也不会是最后一块。"

珠穆朗玛峰上
有多少垃圾？

珠穆朗玛峰上有一整座山的问题：人类留下的垃圾。不仅有吃剩的营地餐食、啤酒和能量罐头，还有人类的大便。

《科技时报》（*Tech Times*）的一篇报道将这座山描述为"世界上最高的垃圾场"。但科罗拉多大学博尔德分校（University of Colorado Boulder）北极和高山研究所的山地地质学家奥尔顿·拜尔斯（Alton Byers）认为，这种描述并不完全准确。他表示，这个问题在山外区域比在山上更严重。在周边地区，你会在珠穆朗玛峰所在的萨加玛塔国家公园（Sagarmatha National Park）的各种小屋和村庄里发现数十个填埋场。

1922 年，英国珠穆朗玛峰探险队的几名登山者和其他队员首次尝试攀登世界之巅，但没有成功。1953 年，埃德蒙·希拉里（Edmund Hilary）和丹增·诺尔盖（Tenzing Norgay）成为第一批成功登顶的人。从那时起，成千上万的冒险家追随探险队的脚步。在 20 世纪 90 年代末，珠穆朗玛峰成为冒险游客的主要目的地。拜尔斯说，近年，萨加玛塔国家公园每年接待超过 15 万名游客，其中数百人试图攀登珠穆朗玛峰。

第一次来到这座雄伟山峰脚下的登山者可能会惊讶地发现，大本营周围有不少半埋的荧光帐篷，还乱七八糟地散落着以前营地留下的燃料瓶和各种杂物。拜尔斯说，在大多数情况下，其他登山者和搬运工会在登山季节结束前清理营地。他说："他们能把营地垃圾清理干净，真是太了不起了。"但真正的问题是这些垃圾去哪里了？

一些可能的解决办法

珠穆朗玛峰周边的垃圾问题是很严重，但并非无法解决。在每年成千上万的游客中，有少数人已经回来，尽他们所能，以高效和可负担的方式帮助清理垃圾。

例如珠穆朗玛峰沼气项目，该项目集中清理萨加玛塔国家公园内珠穆朗玛峰附近的高乐雪（Gorak Shep）村庄，此处海拔 5180 米。该项目旨在将人类排泄物转移到一个厌氧消化池系统，根据项目网站上的描述，该系统为"一个大型容器，微生物以有机废物中水和细菌的混合物为食，分解废物并产生两种副产品：甲烷和病原体减少的废水"。该系统将提供一种更环保的方式来处理人类排泄物。另一个解决垃圾问题的努力来自"萨加玛塔下一步"（Sagarmatha Next）组织，该组织旨在利用从萨加玛塔国家公园收集的垃圾创作艺术品。该组织计划在南车市集附近建立一个中心，以帮助废物管理、艺术和发展。

大本营

"在大多数情况下，其他登山者和搬运工会在登山季节结束前清理营地。"

为什么有些果蔬能导电？

在任何一个科学展览会上，你几乎总能看到至少两个必选实验：千篇一律的纸火山和备受欢迎的腌黄瓜或土豆电池。许多人可能觉得，一块简单的农产品就能导电，真是不可思议。

用一枚铜币和一枚镀锌钉（通常是在铁钉表面涂上锌制成），你可以很容易地制作出土豆或腌黄瓜电池。

> "一个土豆电池只能产生约 1.2 伏的能量。"

导电体有很多类型，其中包括传统电导体，以及可以通过定向移动的离子来供电的离子导体。比如家庭和建筑物通电所用的铜线和银线就是传统电导体，有机材料，如人体组织或科学实验中的土豆，都是形成离子电路的离子导体。在这些材料中，电解质——溶解在水中产生离子的化合物，完成了所有的工作。

"果蔬的导电方式与盐溶液相同，"宾夕法尼亚州立大学（Penn State）材料科学与工程副教授迈克尔·希克纳（Michael Hickner）表示，"这是由于盐溶液中的离子，它们不像传统导体那样传导电子。"

离子导体包含正电荷和负电荷——也称为带电离子，当它们接触电压时自由移动。例如，当食盐溶解在水中时，钠离子和氯离子——它们具有相反的电荷，Na^+ 和 Cl^-——就会形成离子溶液。这些离子溶液被称为电解质，存在于每一种生物中。正因为如此，从理论上讲，任何生物都可以成为离子导体，但相比之下有些水果或蔬菜更擅长这一点。这也是为什么盐水或未经过滤的自来水是比过滤过的淡水更好的离子导体。

任何含有大量钾或钠等超导离子以及适当的内部结构以产生工作电流的水果或蔬菜，都是最好的食物电池。结构均匀的土豆，以及钠含量高、酸度高的腌黄瓜，都是这类食物的好例子。希克纳说，为了获得额外的电力"活力"，你可以在进行土豆电池实验之前先用盐水浸泡用于实验的土豆。

相比之下，西红柿结构松散不均匀，还会漏水，因此西红柿，包括富含钾的橙子都不能很好地充当食物电池，因为这类水果的果肉内部分为几个隔间，形成了阻挡电流的屏障，新泽西州罗格斯大学（Rutgers University）食品工程副教授保罗·塔奇斯特夫（Paul Takhistov）曾解释过这一问题。

水果和金属

一些水果和蔬菜可能充满了超导离子，但你需要更多的材料把这些食物变成电池。希克纳说，电池的电压来自由铜和锌等不同金属制成的电极。用一枚铜币和一枚镀锌钉（通常是在铁钉表面涂上锌制成），你可以很容易地制作出土豆或腌黄瓜电池。"一个土豆电池只能产生约 1.2 伏的能量，"塔奇斯特夫说，"你需要将许多土豆电池连接起来，才能产生足够的电流为手机或平板电脑等设备充电。在这种情况下，使用手机充电器可能会更容易一些。"

树是素食主义者吗?

人类可以选择做不吃肉的素食主义者,那么树呢?
毕竟,树木只需要土壤、阳光和水就能生存,对吧?

"简单来说,答案是不对,"俄亥俄州迈阿密大学(Miami University in Ohio)的植物学教授尼古拉斯·莫尼(Nicholas Money)说,"植物不是素食主义者。但魔鬼总是藏在细节中。"

这些细节取决于素食主义的定义有多严格。莫尼说,树木并不直接"吃掉"动物,但它们确实在真菌的帮助下吃掉了动物。

众所周知,树木可以通过光合作用产生单糖——基本上就是利用阳光来催化水和二氧化碳之间的反应,从而产生碳水化合物和氧气。

然而,"树木也需要钾、钙、钠等金属矿物质,"莫尼说,"为了获得这些营养,它们需要真菌的帮助。"

莫尼表示,真菌在森林土壤中几乎无处不在,这种说法与2016年《放射实验室》(Radiolab)的一集探讨树木和真菌之间关系的节目所报道的一致。庞大的真菌网络由数以百万计的微观菌丝组成。这个网络不断地从土壤中吸收水分,总是在寻找一顿新的美味。

"这个巨大的(真菌)有机体在地下的土壤中跳动,蘑菇本身只是其中最显眼的部分。"

真菌网络会产生酶,这些酶可以分解已死有机体的脂肪和蛋白质,比如生活在土壤里的被称为线虫的小蠕虫。

然而,因为真菌不能进行光合作用,它们不能为自己制造糖。这种对糖的需求推动了真菌与树木的关系。真菌的菌丝连接到树根上,基本上就像一只很合适的手套一样覆盖在树根上,并发出穿透树根的结构,从而实现营养物质的双向交换。一旦交换建立,树可以给真菌一些糖,作为回报,真菌会给树一些溶解在水中的矿物质。

这是一种完美的共生关系,"在这段关系中,没有哪一方会得到更多,"莫尼说,"这是互惠互利的。"

事实上,这种关系有自己的名字:菌根,在希腊语中是"真菌根"的意思。因此,树木通过这种菌根关系消耗动物成分。莫尼表示:"从这个意义上说,取决于你对素食主义的定义,也许我们不能把树木看作完全的素食主义者,因为它们吸收的一些营养来自动物尸体。"

真菌和树木之间有着特殊的关系

纯水存在吗？

当我们从商店里买了一瓶水，我们得到的到底是什么？

　　所谓的纯水似乎对人们很重要。瓶装矿泉水品牌在做广告宣传时，会把"纯"放在"新鲜"和"干净"之前。净水器公司在世界各地赚了数十亿美元，他们承诺去除自来水中除水以外的任何物质。甚至还有一个替代医学的分支，建立在假想的、看似神奇的超级纯水的性质之上。但问题是：纯水并不存在。或者，至少在地球上是不可能存在的。

　　俄勒冈州立大学的化学教授梅·尼曼〔May Nyman〕曾表示，水太容易从周围环境中吸收离子了，以至于无法形成真正的纯水。

　　"绝对纯净的水是不存在的。"尼曼说。水真的"喜欢"溶解其他物质。这是因为水分子是奇怪的米老鼠形状，一端是两个氢核，另一端是一个氧核，分别都带有不同的电荷。水分子利用这些带电荷的氢键相互作用并粘在一起，但它们也会粘住任何接近它们的分子。这使得水很可能会溶解它遇到的任何物质的一部分。水样越纯净，它就会越强烈地溶解它遇到的任何物质的离子。

　　这就限制了人类要生产纯水的愿景，因为理论上讲，在某个时候，它就会开始溶解容器的壁。

水分子中带电的氢原子核会附着在它们靠近的任何东西上。

　　化学界中有一个被广泛引用的说法，与俄罗斯的贝加尔湖有关。"在 20 世纪 90 年代，人们宣称贝加尔湖的水非常纯净，如果你盛一杯贝加尔湖的水，水就会开始腐蚀杯子，"尼曼说，"因为水喜欢离子，它会直接带走杯壁上的离子，变成溶液。"即使在无菌的实验室环境中，科学家也无法完全克服这种亲近关系。

　　一份非常纯净的水样本遇到任何物质，比如一点灰尘或一个塑料容器，都会在水中留下自己的痕迹。

野火是怎么烧起来的？

是什么导致了森林火灾、丛林火灾或山火？答案似乎显而易见，但这背后原因比你想象的要复杂得多。

火的产生需要三种要素：燃料、热量和氧气。氧气在空气中很容易获得，所以就说燃料和热量。燃料是任何可以燃烧的东西，包括灌木、草、树木甚至房屋。燃料越干燥，就越容易燃烧。再说另一种要素，也就是热量，会让燃料燃烧起来，并在火势蔓延时使周围地区和附近的燃料变得更干燥。

换句话说，"热源击中了干燥到可以燃烧的燃料，"加州大学（University of California）北加州合作推广林业项目的火灾分析师兰娅·奎因－戴维森（Lenya Quinn-Davidson）说，"在合适的条件下，这三个因素就能让野火燎原。"

不过，这些自然灾害往往有不自然的开始。2017 年发表在《美国国家科学院院刊》（*Proceedings of the National Academy of Sciences of the United States of America*）上的一项研究显示，在美国 1992 年至 2012 年报告的 150 万起野火中，有 84% 是人为造成的，16% 是由雷击引发的。例如，在加利福尼亚州雷丁市（Redding, California），轮胎轮辋在沥青路面上刮擦引起的火花引发了"卡尔火灾"。另一起被命名为"坎普大火"的火灾原因仍在调查中，但有可能是电线故障。

然而，起火仅仅是个开始。奎因－戴维森表示，火灾要发展成持续的野火，必须具备完美的因素组合，比如"干燥的天气和强风"。由于气候变化，干燥天气持续时间更长，进而导致易发火灾季节变长。

"50 年前，11 月中旬空气都还是湿润的。也许我们会有强风，但空气太潮湿了，（加利福尼亚州）不会起火，"奎因－戴维森说，"但 2018 年 11 月中旬的大旱足以让加利福尼亚州历史上最致命、最具破坏性的大火经月不息。"

尽管加州当年的火灾破了纪录，但野火并不新鲜。事实上，它们是许多生态系统自然且必要的组成部分，包括加州的森林。但我们今天看到的野火与那些自然火灾不同，它比普通的野火燃烧得更快、规模更大。

飞机投放阻燃剂。这种化学物质上了色，以便飞机上的人能看到。

今日火灾预警等级

低 中 高 很高 极高

预防野火

　　"历史上的加州发生火灾的次数比现在更多，但以前的火灾强度更低，速度更慢，"奎因－戴维森说，"现在，我们看到了不寻常的火灾，比如'坎普大火'，在一天内烧毁了约 280 平方千米。我们以前从未见过这种情况。"

　　人为温室气体排放造成的气候变化延长了每年易发火灾季节的窗口期。野火也燃烧得更快、规模更大，因为有更多的条件合适的燃料可以燃烧。

　　例如，2017 年发表在《自然气候变化》（Nature Climate Change）杂志上的一项研究发现，自 1975 年以来，加拿大和阿拉斯加的北方森林出现了越来越多雷击点燃的野火，这可能是因为全球变暖，导致燃料变得干燥。

　　"一场'大火之战'在过去 100 年左右的时间里持续。"奎因－戴维森说。具有讽刺意味的是，这却增加了发生大火的风险。今天，科学家和自然资源保护主义者达成共识，火灾是影响生态系统健康的一个关键因素，但情况并非总是如此。在一个世纪的大部分时间里，扑灭较小的火灾会使燃料得以积累。曾经像公园一样长着大树的开阔森林变得密密麻麻，长满了小树和灌木，而这是火灾蔓延的完美燃料。

　　根据 2018 年《美国国家科学院院刊》上的一项研究，随着燃料的积累，人类也在向荒地靠近。研究发现，在茂密的森林边缘建立缺乏战略考虑的社区，使得更多的生命和家园处于危险之中。

　　根据第四次全国气候评估，随着气候的变化，野火将继续加剧，美国其他地区也将面临这个问题。因此，社区需要提高抵御这些自然灾害的能力，奎因－戴维森曾强调这一工作准备的必要性。

　　但她补充说，她对此充满希望，因为许多社区已经采取措施并树立先例。"许多社区都在积极努力适应可能发生的火灾，学习如何与火灾共存，并将社区设计得不那么脆弱。"奎因－戴维森说。随着野火对建立在危险区域附近的居民点的风险越来越大，随着气候变化增大了这些危险区域的规模，这是我们必须快速学会的东西。

现在还活着的最古老的生物是什么？

地球上现在活着的最古老的生物是……好吧，这是有争议的。从细菌到植物，为了给你一个答案，我们什么都去看了。

狐尾松是地球上非常长寿的树木之一，已知年龄最大的是 5062 岁。

人们在永久冻土中发现了 50 万年前的细菌。大多数永久冻土分布在北极和南极。

要弄清楚活着的最古老的生物，需要先定义"活着"，这并不像看起来那么容易。如果你想严格地寻找最古老的生物，你必须寻找那些在整个生命周期中都活着并且活跃的生物，也就是说在不断地代谢的生物。一个不那么严格的定义可能会考虑已经休眠了很长时间但可以复活的种子或细菌。你还必须定义什么是有机体。也许你想要严格一点，把你的搜索限制在古代的生物个体上。或者，你可以算上无性繁殖生物，如某些植物或真菌群落，它们由相对年轻的后代组成，但它们是一个持续存在的生命的一部分。

很显然，这篇文章不会为你提供世界上最美味的生日蛋糕的送货地址。然而，它将为地球上最古老的生物提名一些可行的候选者。

长寿主义者会喜欢狐尾松。松树是单一有机体（不是无性繁殖个体），它们的寿命长得令人难以置信。根据古树基因组数据库 OLDLIST，已知最古老的狐尾松已经生长了 5062 年，生长在加州怀特山脉。为了防止好奇的人破坏它，它的位置没有被透露更多细节。当这棵树发芽的时候（公元前 3050 年），人类刚刚开始建造巨石阵。

如果你接受最古老的生物可以算上无性繁殖生物的话，那就去瑞典的达拉纳（Dalarna）吧。该省生长着一种细长的云杉，其中一棵已经自己繁殖了 9550 年。研究人员在 2008 年报告说，目前正在发芽的这棵树要年轻得多，但它的基因与它下面的木头相同，这些木头可以追溯到距今 9550 年前，也就是该树最初开始发芽的时候。

达拉纳云杉的有趣之处在于，它一直以一棵蔓生灌木的样子生长着，直到 20 世纪 40 年代，气候变暖促使其树干向上生长。这棵云杉的最新化身高大而挺拔。

一种更古老的无性繁殖生物主宰着犹他州中南部。潘多（Pando）是一个颤杨（白杨）群落，根据它目前的大小，人们认为它在大约 8 万年的时间里一直在繁殖基因完全相同的树木。潘多占地约 43.6 公顷。

植物完全有理由摘取最古老生物的桂冠，但是一些细菌可能会威胁到植物的地位。2007 年，研究人员在《美国科学院院刊》（Proceedings of the National Academy of Sciences of the United States of America）上发表报告称，他们发现了 50 万年前的细菌。这些细菌被冻在永久冻土层期间，正在悄悄地修复自己。这意味着细菌没有休眠：它们很活跃，正在等待条件改善后重新开始繁殖。

永久冻土层不是唯一可能存在远古生命的地方。据英国广播公司（BBC）报道，2013 年，综合海洋钻探计划的研究人员在意大利举行的年度国际地球化学年会（Goldschmidt Conference）上报告说，他们在深海海底 1 亿年前的沉积物中发现了微生物。这些微生物每 1 万年繁殖一次，速度如此之慢，以至于科学家们不确定他们是否真的可以称这些微生物为"活的"。

休眠的种子或细菌并不完全符合"活着"的标准。尽管如此，还是有一些令人难以置信的例子表明，非常非常古老的东西又复活了。1960 年，研究人员拉尔夫·赖泽（Ralph Reiser）和保罗·塔什（Paul Tasch）声称，他们复活了在堪萨斯州哈钦森（Hutchinson, Kansas）盐矿的盐晶体中发现的 2 亿年前的细菌。在寻找古代生命形式的时候，总是有可能发生现代污染的，而且赖泽和塔什发现的细菌中很少有存活的，所以他们自己也只说结果是"暗示性的"。

植物也可以休眠。2008 年，研究人员报告说，他们用一颗 2000 年前的种子培育出了一棵犹太枣，这颗种子是在以色列的一处考古遗址中被发现的。在 26 个月大的时候，这棵古树苗长到了 1.2 米高。这棵树是有史以来最古老的种子发芽的产物。所以从一定程度上讲，它可以算数。

"植物完全有理由主张摘取最古老生物的桂冠，
但是一些细菌可能会威胁到植物的地位。"

为什么死海
有那么多盐？

死海东与约旦接壤，西与以色列和巴勒斯坦接壤，它是一个内陆湖泊，而不是真正的海洋，它被公认为是地球上极咸的水体之一。

死海的自然浮力可以让你毫不费力地浮在水面上。

它名副其实——没有鱼、鸟或植物能在它的高盐环境中生存。沿着海岸，盐堆积在岩石山脊、山峰和塔楼上，游客们发现死海的超咸水浮力非常大，以至于他们几乎可以坐在死海的水面上。但究竟是什么让死海的盐度如此之高——几乎是普通海水的 10 倍呢？

地球之盐

根据美国国家海洋和大气管理局（NOAA）的数据，大多数海水通常含有约 3.5% 的溶解盐。这些盐来源于陆地上的岩石。雨水中的酸溶解了岩石，并产生离子，径流将这些离子带入海洋。这些离子中最常见的是钠离子和氯离子，它们在海洋中以盐的形式积聚。

根据 NOAA 的数据，如果把海洋中的所有盐都移走并覆盖在地球所有的干燥陆地上，那么这层盐将达到约 150 米的高度。

你能潜到多深？

NOAA 估计，死海的海水盐度是普通海水的 5 到 9 倍。死海深处的含盐量更高，在 100 米以下的深度，由于盐的浓度太高，水无法容纳，盐都积聚在水底。死海位于一个断层谷中，从西奈半岛（Sinai Peninsula）的尖端开始，向北延伸到土耳其，绵延超过 1000 公里。它是地球上海拔最低的湖泊，湖面海拔低于海平面约 429 米。这个山谷曾经有一系列湖泊，但最后一个湖泊在距今 1.5 万年前消失了，只留下死海。

死海在等死

根据一篇 2010 年发表在《环境经济学》（*Environmental Economics*）杂志上的研究文章表明，死海正在以惊人的速度消失，每年萎缩约 1 米。该研究的作者进一步指出，自 20 世纪初以来，死海已经萎缩了大约 30 米。2010 年和 2011 年，科学家们在死海地下钻探，寻找有关其地质历史的线索。他们发现，大约 12 万年前，在最后一个冰川纪之前的一个温暖时期，死海曾经完全干涸。

尽管死海的未来可能不确定，但这个长期以来被称为"死亡区"的水体仍然给科学家提供了一些惊喜。在 2011 年的一次探险中，研究人员下潜到前所未有的深度，发现了被微生物菌落包围的淡水泉。死海可能还是存在生命体的。

"这些盐来源于陆地上的岩石，
雨水中的酸溶解了岩石，
并产生离子。"

为什么地球要自转？

地球每天绕地轴旋转一圈，这使得日出和日落成为地球上的生命每天都能见到的日常现象。

太阳
由于太阳不是固体，因此它的各个部分以不同的速度旋转。

金星
这颗行星的自转方向与地球相反。金星的一天有5832个小时。

地球起初是由围绕新生太阳旋转的气体和尘埃组成的圆盘形成的。据趣味科学网的姊妹网站太空网（Space.com）报道，在这个圆盘旋转的过程中，尘埃和岩石的碎片粘在一起形成了地球。加州大学洛杉矶分校（University of California, Los Angeles）的天体物理学家斯玛达·纳奥兹（Smadar Naoz）解释说，随着地球的成长，太空岩石不断与这颗新生行星碰撞，施加的力使地球旋转。因为早期太阳系中所有的碎片都以大致相同的方向围绕太阳旋转，碰撞也使地球及太阳系中几乎所有的物体沿着这个方向旋转。

但是为什么太阳系一开始就会自转呢？太阳及太阳系，都是由一团尘埃和气体云因自身重量坍缩而形成的。大部分气体凝结成太阳，而剩余的物质进入了周围的圆盘形成了行星。在坍缩之前，气体分子和尘埃粒子到处移动，但在某一点上，一些气体和尘埃碰巧向一个特定的方向移动

了一点，这些气体和尘埃开始旋转。气体云坍塌时，旋转速度会加快——就像花样滑冰运动员把胳膊和腿收起来时旋转得更快一样。

因为太空中没有太多东西可以让物体减速，所以一旦物体开始旋转，它们通常会一直旋转下去。在这种情况下，旋转的初生太阳系有很多所谓的角动量（这个物理量描述了物体保持旋转的趋势）。因此，当太阳系形成时，所有的行星可能都沿着同一个方向旋转。

然而，今天，一些行星在其运动中加入了自转。金星的自转方向与地球相反，天王星的自转轴倾斜90度。科学家们不确定这些行星是如何变成这样的，但他们有一些想法。对金星来说，可能是一次碰撞导致了它的自转反向。或者它一开始像其他行星一样旋转，但随着时间的推移，太阳对金星厚厚的云层的引力，加上金星内核和地幔之间的摩擦，导致了反向自转。2001年发

地球

虽然我们喜欢说地球自转需要 24 小时，但实际上是 23.934 小时。

火星

火星上的一年大约是地球上的 687 天，它每 24.6 小时完成一次自转。

月球

月球绕地球公转的速度与其自转的速度相同，即 27 天。

表在《自然》（*Nature*）杂志上的一项研究表明，与太阳和其他因素的引力相互作用可能是导致金星自转减慢和逆转的原因。

至于天王星，据《科学美国人》报道，科学家们认为碰撞——与一块大石头的一次巨大撞击，或者与两个不同物体的一对二碰撞——使它失去了平衡。

尽管有这些干扰，但太空中的一切都在朝着一个方向或反方向旋转。"旋转是宇宙中物体的基本行为。"纳奥兹说。小行星旋转，恒星旋转，星系也会旋转（根据美国宇航局的数据，太阳系绕银河系旋转一周需要 2.3 亿年）。宇宙中一些速度最快的物体是致密的、旋转的脉冲星，它们是大质量恒星的尸体。一些直径和一座城市差不多大的脉冲星，每秒可以旋转数百次。最快的一个被命名为 Terzan 5ad，每秒旋转 716 次。

黑洞的速度更快。2006 年发表在《天体物理学杂志》（*Astrophysical Journal*）上的一项研究发现，其中一个名为 GRS 1915+105 的黑洞可能每秒旋转 920 到 1150 次。"但有些天体也会慢下来，"纳奥兹说，"当太阳形成时，它每 4 天绕其轴旋转一周。但今天，太阳自转一周需要 25 天左右。"太阳的磁场与太阳风相互作用，减缓了它的自转速度。

甚至地球的自转也会减速。来自月球的引力以某种方式拉着地球，使它以不可察觉的速度慢下来。2016 年发表在《英国皇家学会学报》（*Proceedings of the Royal Society*）上的一项分析显示，在一个世纪里，地球的自转速度减慢了 1.78 毫秒。事实上，这必须考虑到地球这颗行星的公转，以保证事实的完整性。

所以，虽然明天太阳会照常升起，但可能会比今天晚一点。

为什么冰很滑？

对于那些生活在寒冷气候地区的人来说，在溜冰场、结冰的池塘、结冰光滑的道路和人行道上滑溜溜的冰定义了冬天。

其实，直到最近科学家仍然不知道这个简单问题的答案。但新的研究表明，冰的光滑性可能是由于冰表面的"额外"分子。

旧理论说不通

因为冰的密度小于液态水，所以其熔点在高压下会降低。一个长期存在的理论认为冰滑的原因是：当你踩在冰面上时，你体重的压力会导致最上面的一层冰融化成水。

不过，"我认为所有人都会同意这是不可能的，"德国马克斯·普朗克聚合物研究所（Max Planck Institute for Polymer Research）分子光谱学部门主任米沙·博恩（Mischa Bonn）说，"让冰的熔点降低需要非常大的压力，就算让一

冰晶格图解。用颜色区分不同原子，红色的是氧原子，白色的是氢原子。

82

根据美国交通运输部的数据，几乎四分之一与天气相关的车祸都发生在多雪、泥泞或结冰的路面。

头大象穿上高跟鞋踩在冰面上都达不到。"

另一种理论认为，当你在冰面上移动时，摩擦产生的热量形成了水层。然而，正如任何第一次尝试穿冰鞋站在冰面上的人很快就会发现的那样，冰不是在你移动的时候才变滑的。

即使压力或摩擦的热量融化了冰，一层水就能解释冰的滑溜吗？荷兰阿姆斯特丹大学（University of Amsterdam）的物理学家丹尼尔·博恩（Daniel Bonn）不这么认为。

"水层理论是说不通的，"博恩说，"如果你在厨房地板上洒一些水，那地板会变滑，但不会非常滑……同样的，就一层水不会让冰那么滑。"

松散的分子

米沙·博恩和丹尼尔·博恩两兄弟在《化学物理杂志》（Journal of Chemical Physics）上发表了一篇描述冰表面的论文，他们发现，在冰的表面不是一层液态水，而是松散的水分子。米沙·博恩将其比作"满是弹珠或滚珠轴承"的舞池。因此，在冰面上滑动其实是在这些分子弹珠上"滚动"。

冰具有非常规则、整齐的晶体结构，晶体中的每个水分子都与另外三个水分子相连。然而，表面的分子只能附着在另外两个分子上。由于与晶体的结合如此微弱，表面的这些分子可以翻滚，这意味着它们在移动时，是在晶体的不同位置上不断地附着和分离。

尽管在冰上滑动主要是由这些水分子引起的，但这层分子与液态水不同，其行为也不像液态水。这些分子以远低于水冰点的温度存在，此

时冰才会滑。事实上，这些分子如此自由地在表面移动并扩散，这让它们看起来更像气体，丹尼尔·博恩表示。

"对我来说，它是一种气体——一种二维气体，而不是三维液体。"

但如果冰滑是因为松散的表面分子，那么冰是唯一一光滑的物质吗？阿拉斯加费尔班克斯分校（University of Alaska Fairbanks）的物理学教授马丁·特鲁弗（Martin Truffer）是这样回答的："事实并非如此。与其说冰的性质是独特的，不如说我们与它的关系是独特的。冰的不寻常之处在于，我们通常会在接近其熔点的地方遇到它。在我们生活的正常气候范围内，它确实是唯一一种同时具有气相、液相和固相的物质。"

特鲁弗住在阿拉斯加州的费尔班克斯，他感受过远远未达熔点的冰：当温度降至零下40华氏度（零下40摄氏度），此时的雪"变得像砂纸一样"。特鲁弗的观察结果与博恩兄弟的发现一致。在超低温下，表面的分子在滚动时没有足够的能量来破坏和形成化学键，所以冰变得不滑。

根据他们的研究数据，冰最滑的温度大约是零下7摄氏度。

有些人已经知道了：这是大多数室内速滑场多年来一直维持的温度。

> "根据他们的研究数据，冰最滑的温度大约是零下7摄氏度。"

有没有可能预测地震？

我们真的可以预测地震吗？研究人员是如何精准预测地震发生的呢？

答案没有许多人想象的那么简单。要预测地震的大致日期，前提是假设地震遵循某种模式——断层以一种可预测的方式释放压力。但科学家对断层研究得越多，这种想法似乎就越被证明是不正确的。事实上，大多数专家现在都表示，无法预测下一次"大地震"将在哪里发生。

"在某些地方，地球结构可能组织得更有序，地震的规律性会强一些，而在其他地方，地震完全是随机的。"斯坦福大学（Stanford University）的地球物理学家威廉·埃尔斯沃思（William Ellsworth）说，他花了几十年时间寻找断层断裂的规律，希望可以帮助预测地震。他表示："一旦离开这些简单、有序的断层部分，情况会更复杂。"

以圣安德烈亚斯断层（San Andreas Fault）为例，这条著名的断层长 1200 千米，贯穿加州。这个断层的一个"表现良好"的部分位于加州中部的帕克菲尔德镇（Parkfield）。帕克菲尔德镇在 30 多年前举办了世界上最大的地震预报实验。1985 年，专家回顾了 1857 年、1881 年、1901 年、1922 年、1934 年和 1966 年袭击该地区的一系列大地震，并预测 1993 年之前该地区将再一次发生地震，地震前的压力会使周围的地面弯曲，就像过去发生的地震一样。科学家们在帕克菲尔德安装了监测设备，但直到 1993 年年末仍旧没有发生任何震动。11 年后的 2004 年，一场 6.0 级地震毫无预警地袭击了帕克菲尔德。批评人士说，这证明地震根本就是不可预测的。其他人，如埃尔斯沃思，说这个预测在地质时间上仍然非常接近。他解释说，地震学家需要以 50 年为时间尺度来预测，而不是 5 年，这与当地之前的地震活动模式无关。

此外，目前还不清楚，一个经常断裂的断层和一个很长时间没有断裂的断层，哪一个更容易断裂。

墨西哥的许多科学家表示，该国西南海岸的一条断层线——格雷罗沟（Guerrero Gap）已经有一段时间没有断裂了，而且即将断裂，这可能会摧毁墨西哥的海岸和墨西哥城。另一方面，断层可能只是找到了其他更安静的方式来释放压力——比如所谓的无声地震，这是一种缓慢移动的构造变化，几乎不会令地表产生明显变化。

同样的问题也适用于美国太平洋西北部，那里可能会发生 9.0 级的大地震，因为该地已经相对平静了大约 300 年。但也可能不会发生地震。

科学家们对地震是否具有固有的可预测性仍未达成一致，但有一件事是一致的，那就是我们短期内不可能准确地预测地震。

"用任何类型的短期预测方式来预测地震都将是极其困难的，"埃尔斯沃思说，"准确预测地震可能会成为我们无法企及的目标。"

北加州的海沃德断层（Hayward Fault）通常被称为美国最危险的断层：那里大约每 160 年发生一次地震，最近一次大地震发生在 150 多年前的 1868 年。

像这样的地震仪可以探测地震和爆炸，并测量其强度。

85

水会自然往上流吗？

地球的引力很强，但水能逆着引力自然地往上流吗？

答案是肯定的，如果参数正确的话。例如，海滩上的波浪可以向上流动，即使只是一瞬间。虹吸管里的水也可以向上流动，如果把一摊水浸在竖直的干纸巾里，它也可以向上流动。更奇怪的是，南极洲有一条河流在它的一个冰盖下向上流动。那么，如何科学的解释这些向上的水流运动呢？

波浪和虹吸管

海浪（由风驱动）、潮汐（主要由月球引力引起）和海啸（通常由地震、水下滑坡或火山爆发引发）会导致水逆重力运动。这些自然现象产生的能量和力可以推动水向上运动。

虹吸管起作用需要有不同压力。人们自古以来就一直使用虹吸管，然而虹吸管的工作原理仍然存在争议。根据 Wonderopolis 网站（一个提供日常问题答案的网站）的说法，虹吸管的作用原理是：重力给水加速，让水通过管子"下坡"的部分，进入较低的杯子；而因为水有很强的凝聚力，前面这些水分子就可以把后面的水拉过管道的"上坡"部分。

不过，许多凝聚力没那么强的液体，在虹吸管中仍然有同样的效果。因此，Wonderopolis 的说法，并不能完全解释这一装置成功的原因。

毛细作用

纸巾的例子呢？这种作用叫作毛细作用，只要水流经过狭窄的小空间，就可以使少量的水逆重力向上流动。

据美国地质勘探局（U.S.Geological Survey）称，当液体与材料（如纸巾）壁上的黏附力比液体分子之间的凝聚力更强时，这种向上流动就可以发生。

美国地质勘探局说，在植物中，水分子被称为木质部的毛细管吸收，帮助植物从土壤中吸收水分。

一个老式虹吸管

风力、海底地震、大气压力变化等多种外力会迫使海水对抗重力而上升，形成海浪，乃至海啸。

南极洲的冰河

"在南极洲的一个冰盖下，有一条河流往山上流，"纽约哥伦比亚大学拉蒙特－多尔蒂地球观测站（Columbia University's Lamont-Doherty Earth Observatory）的地球物理学教授罗宾·贝尔（Robin Bell）说，"在这块大陆的冰层之下坐落着甘布尔采夫山脉（Gamburtsev Mountains），这是一个巨大的山脉，有山峰和山谷，跟欧洲的阿尔卑斯山差不多大。山谷里有水，我们之所以能分辨出来，是因为当我们飞越它时，（穿冰）雷达的回波要得多。"

有趣的是，研究人员可以判断出这条河是向上流动的，因为河上面的冰与水流的方向相反，趣味科学网之前报道过。

"我们意识到冰正在把水向后挤压，迫使水向山上流动，"贝尔说，"河流上面冰盖的排列方式和巨大压力将水往山上推动。

还有其他一些水自然上坡的例子。例如，据趣味科学网此前报道，一场 8.0 级的地震严重震动了密苏里州东南部，以至于密西西比河暂时倒流。此外，2006 年发表在《物理评论快报》

（*Physical Review Letters*）上的一项研究表明，将少量的水放在一个热的表面上——比如一个滚烫的锅，只要水足够热，水就可以"爬上"由蒸汽组成的小楼梯。所以，虽然你可能一直被教导说水只能向下流动，但在某些情况下，水确实可以向上流动。

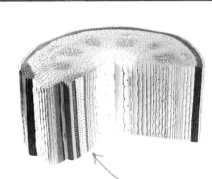

在被称为木质部的植物毛细管的帮助下，水可以逆重力流动。

地球上的第一个生命是什么？

关于地球上生命出现的最早证据出现在地球上现存最古老的岩石中。

地球大约有 45 亿年的历史，而现存最古老的岩石可以追溯到 40 亿年前。岩石记录了地球上过去的环境和气候变化，诱人的生命证据也被其记录了下来：2013 年《天体生物学》（Astrobiology）期刊报道，在澳大利亚发现了一组丝状的化石痕迹，可能是大约 35 亿年前从阳光中获取能量的微生物的遗骸。"世界上最古老生命"头衔的另一个竞争者出自格陵兰岛的一

组岩石，其中大约距今 37 亿年前的蓝藻群落的化石，这些岩石呈分层结构，也叫作叠层石。

一些科学家声称在格陵兰的阿基利亚岛（Akilia）38 亿年前的岩石中发现了生命的证据。1996 年，研究人员在《自然》杂志上首次报道，这些岩石中的同位素可能表明有某种神秘微生物的远古代谢活动。但这些发现从那时起就一直备受争议……

—— 叠层石是藻类繁衍生息形成的生物遗迹，记录下丰富的古环境信息。

最近，科学家们在《自然》杂志上报告说，他们在加拿大发现了可能在 37.7 亿到 42.9 亿年之间的微化石，这一说法将把生命的起源推到了地球最初形成海洋之后不久。没有参与这项研究的研究人员则表示，这些丝状化石痕迹含有预示生命的化学信号，但很难证明它们确实存在，也很难证明在古代岩石中发现的化石本身也一定是古代的；液体渗进岩石的裂缝，也可能让年代近一些的微生物进入古代岩石。研究人员使用钐 – 钕测年法确定了这些化石的最大年龄为 42.9 亿岁。这种方法可以测量形成岩石的岩浆的年龄，但不能证实是岩石本身的年龄。

尽管如此，岩石记录了生命开始出现的证据，这一事实引发了一个问题，加州大学洛杉矶分校的地球化学家伊丽莎白·贝尔（Elizabeth Bell）在 2016 年 2 月的 SETI 演讲中说。发生在岩石记录开始之前的时期被称为冥古宙。那是一个极端的时期，当时会有小行星和陨石撞击地球。贝尔和她的同事们说，他们可能有证据表明，生命在这个非常不宜居的时期就出现了。2015 年，该研究小组报告称，在 41 亿年前的锆石晶体中发现了石墨，这是碳的一种形式。石墨中同位素的比例表明了其生物起源。

贝尔在接受趣味科学网采访时表示，从人们对这一时期的了解来看，当时地球上应该有液态水。那时地球上可能有花岗岩，类似大陆的地壳，尽管这一点目前还有争议。当时任何可能存在的生命都是原核生物。如果当时地球上有大陆地壳，原核生物可能有磷等矿物的营养物质来源。

另一种寻找地球早期生命的方法表明，海洋热液喷口可能孕育了最早的一批生物。研究小组发现，所有古细菌和细菌谱系共有 355 种蛋白质。研究人员说，如果情况属实，基于这些蛋白质，地球上的第一个生命可能类似于今天聚集在深海喷口周围的微生物。

岩石记录了生命开始出现的证据，这一事实引发了一个问题

飓风能有多厉害？

萨菲尔－辛普森飓风等级（Saffir-SimpsonHurricaneWindScale，简称 SSHS 或 SSHWS）到了 5 级就不再往上计算了。但从理论上讲，强飓风可以将水垢吹出水面。

不存在 6 级风暴这样的说法，部分原因是一旦风达到 5 级，你怎么称呼它都无所谓了。风的等级从 1 级开始，风速范围是每小时 119 千米~153 千米。5 级风暴的风速为每小时 251 千米或更高。根据等级推断，如果存在 6 级风，它的时速将在 283~315 千米之间。

2005 年飓风"威尔玛"（Wilma）的最高风速为每小时 280 千米。根据美国国家海洋和大气管理局下属的国家飓风中心（National Hurricane Center）的数据，2017 年 9 月 5 日，飓风"厄玛"（Irma）的风速也高达每小时 280 千米，并有可能更强。当记录到这个速度时，"厄玛"正在安提瓜以东 440 千米、巴布达东南偏东 445 千米处翻滚。

飓风的速度会有多快？飓风通过使用温水作为燃料来增强强度。随着地球气候变暖，海洋可能也会变暖。因此，一些科学家预测，飓风可能会变得更强。趣味科学网此前报道过，研究人员发现，随着地球变暖，最强风暴会变得更强。根据美国国家海洋和大气管理局地球物理流体动力学实验室（Geophysical Fluid Dynamics Laboratory）2017 年 8 月 30 日修订的一份审查

飓风"佛罗伦斯"（Florence）在靠近美国海岸的大西洋上空，这是从国际空间站看到的，4 级飓风张开的风眼。

报告，到 21 世纪末，人类造成的全球变暖可能会使飓风强度平均增加 2% 至 11%。

但物理学告诉我们，飓风强度是有限度的。根据麻省理工学院（Massachusetts Institute of Technology）气候学家克里·伊曼纽尔（Kerry Emanuel）1998 年的计算，就当今地球上的海洋和大气条件而言，估计飓风的最大潜在速度约为每小时 305 千米。

然而，这个上限并不是绝对的。它会因气候变化而变化。科学家预测，随着全球变暖的持续，飓风的最大潜在强度将会上升。不过他们在增长幅度上存在分歧。

每小时 322 千米或更强

伊曼纽尔和其他科学家预测，热带海洋温度每升高 1 摄氏度，风速（包括最大风速）就会增加约 5%。

但国家飓风中心的气象学家克里斯·兰德西（Chris Landsea）不同意这种说法。

在飓风"威尔玛"之后，兰德西说，即使在全球变暖最坏的情况下，即全球气温再上升 1 摄氏度到 6 摄氏度，到 21 世纪末，总共也只会有大约 5% 的变化。兰德西说，这意味着飓风的速度不太可能超过每小时 322 千米。

然而，据世界气象组织气候学委员会（World Meteorological Organization's Commission on Climatology）称，1961 年西北太平洋的台风"南希"（Nancy）据说最大持续风速已达每小时 346 千米。世界气象组织气候学委员会在亚利桑那州立大学设立气候记录交流中心，旨在解决许多关于极端天气和气候的争议。（台风和飓风是一回事，只是发生在世界不同的地方。）

目前已知的风速纪录超过了任何一次飓风中测量到的风速。最快的"常规"风（或非风暴风）——1934 年 4 月 12 日在新罕布什尔州的华盛顿山记录到的风速每小时 372 千米。在 1999 年 5 月俄克拉荷马州的龙卷风中，研究人员测出风速为每小时 512 千米。尽管目前的风速还未超出我们的测量尺度，但并不意味着风达不到更高的速度。

"目前已知的风速纪录超过了任何一次飓风中测量到的风速。"

冰期多久
发生一次？

最后一个冰河期导致了猛犸象的崛起和冰川的巨大扩张。但这只是地球 45 亿年历史上众多寒冷天气之一。

问题的答案取决于你说的是大冰期还是小冰期，后者发生在更长的时期内。地球经历了 5 次大冰期，其中一些持续了数亿年。事实上，地球现在正处于一个大冰期，这就解释了为什么地球上有极地冰盖。纽约哥伦比亚大学古气候学博士生迈克尔·桑德斯特伦（Michael Sandstrom）说，大冰期占地球过去 10 亿年的 25%。

古记录中的 5 个主要冰期包括休伦冰期（Huronian glaciation，24 亿至 21 亿年前）、低温冰期（Cryogenian glaciation，7.2 亿至 6.35 亿年前）、安第斯－撒哈拉冰期（Andean-Saharan glaciation，4.5 亿至 4.2 亿年前）、晚古生代冰期（Late Paleozoic，3.35 亿至 2.6 亿年前）和第四纪冰期（Quaternary glaciation，270 万年前至今）。

这些大冰期期间会有小冰期（称为冰川期）和较暖时期（称为间冰期）。在第四纪冰期开始时，从大约 270 万年前到 100 万年前，这些寒冷的冰川期每 4.1 万年发生一次。然而，在过去的

80 万年里，巨大冰原出现的频率降低了——大约每 10 万年出现一次。10 万年周期是这样的：冰盖生长大约持续 9 万年，然后在大约 1 万年的较暖时期坍塌。然后，这个过程会不断重复。

考虑到上一个冰川期大约在 1.17 万年前结束，现在是不是地球再次结冰的时候了？"我们现在本应该进入另一个冰川期，"桑德斯特伦在接受趣味科学网采访时说，"但是与地球自转有关的两个影响冰川期和间冰期形成的因素已经消失了。再加上我们向大气中排放了如此多的二氧化碳，这意味着我们可能至少在 10 万年之内都不会进入冰川期。"

小冰期的成因是什么？

塞尔维亚天文学家米卢廷·米兰科维奇（Milutin Milankovic）提出了一个假说，解释了为什么地球在冰川期和间冰期之间循环往复。根据米兰科维奇的说法，当地球围绕太阳公转时，有三个因素会影响它能获得多少阳光：它的倾角

大气中的二氧化碳水平导致地球未能进入另一个冰川期。

（在 4.1 万年的周期中从 24.5 度到 22.1 度不等）；它的偏心率（它绕太阳运行的轨道形状的变化，从接近圆形到椭圆形不等）；它的摆动（一次完整的摆动，看起来像一个缓慢旋转的陀螺，每 1.9 万年到 2.3 万年发生一次）。

1976 年，《科学》（Science）杂志上的一篇具有里程碑意义的论文提供了证据，证明了这三个轨道参数可以解释地球的冰川周期。

"米兰科维奇的理论是，轨道周期是可以预测的，并且在整个时间里是非常一致的，"桑德斯特伦说，"如果地球正处于冰川期，那么地球上有更多或更少的冰取决于这些轨道周期。但如果地球太热，这些轨道周期基本不会有任何影响，至少在增加冰方面是这样。"

二氧化碳之类的气体可以使地球变暖。在过去的 80 万年里，二氧化碳水平在百万分之 170 和百万分之 280（这意味着在 100 万个空气分子中有 280 个是二氧化碳分子）之间波动。桑德斯特伦说，冰川期和间冰期之间二氧化碳水平的差异只有 0.01% 左右。

但与过去的波动相比，今天的二氧化碳水平要高得多。根据气候中心的数据，2016 年 5 月，南极洲的二氧化碳水平达到了 0.04% 的高水平。

地球以前也变暖过。例如，恐龙时代要暖和得多。"（但是）可怕的是我们在这么短的时间内向大气中排放了那么多二氧化碳。"桑德斯特伦说。

"二氧化碳的变暖效应将产生巨大的后果，因为即使地球平均温度的小幅上升也会导致剧烈的变化，"桑德斯特伦说，"例如，在上一个冰川期，地球的平均温度只比现在低 5 摄氏度。如果全球变暖导致格陵兰岛和南极洲的冰盖融化，海平面将比现在高出约 60 米。"

大冰期的成因是什么？

桑德斯特伦指出，导致漫长冰期的因素，如第四纪冰期，比导致小冰期的因素更不为人所知。有一种观点认为，二氧化碳水平的大幅下降会导致气温下降。

例如，根据"抬升－风化"假说，随着板块构造抬升山脉，新的岩石暴露出来。这种未受保护的岩石很容易风化和破裂，会带着二氧化碳落入海洋。

这些岩石提供了海洋生物用来构建碳酸钙外壳的关键成分。随着时间的推移，岩石和贝壳都从大气中吸收了二氧化碳，这与其他力量一起降低了大气中的二氧化碳水平。所以低二氧化碳含量很可能是一个因素。

科学和技术与宇宙

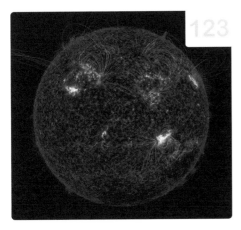

123

104

106

118

103

109

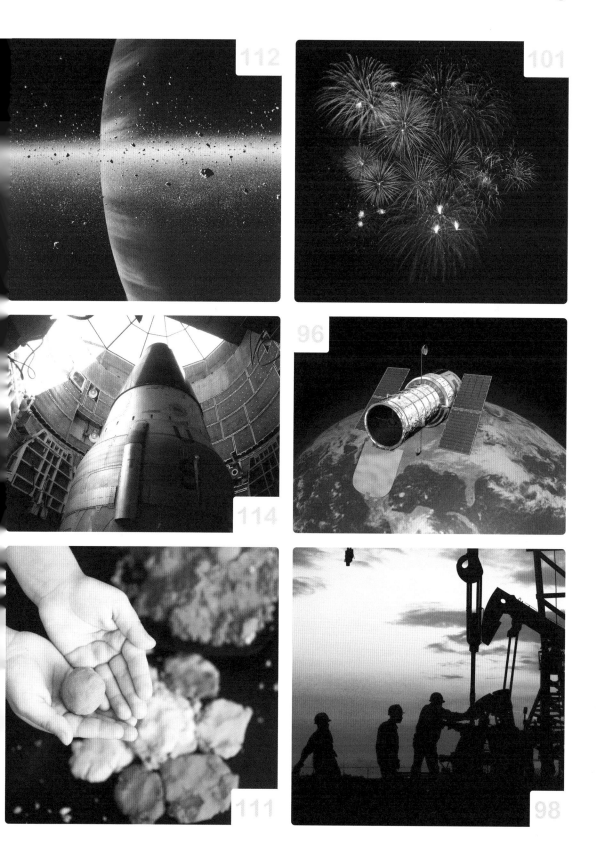

宇宙中最冷的地方是哪里？

布鲁克林的威廉斯堡社区（Williamsburg）实际上并不是宇宙中最冷的地方。相反，这一荣誉可能属于以下两个地点之一：太空中的星云或麻省理工学院的实验室。

回旋镖星云

测量显示，这个星云的温度仅比绝对零度高1开尔文（接近零下272摄氏度）。

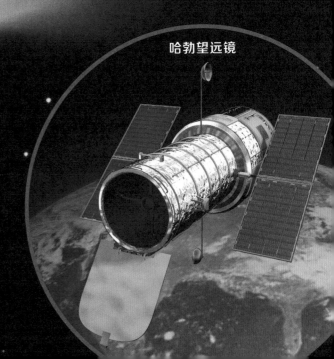

哈勃望远镜

2013 年，天文学家通过智利的阿塔卡马大型毫米波 / 亚毫米波阵列（ALMA）测量到，由星际尘埃和电离气体混合而成的回旋镖星云的温度达到了令人瞠目结舌的零下 272 摄氏度，仅比绝对零度高 1 摄氏度。

这团年轻的行星状星云位于 5000 光年之外，有一个病态的创造者：它的中心有一颗垂死的恒星。随着时间的推移，这颗质量较低的恒星——大约是太阳质量的 8 倍或更小——变成了所谓的红巨星。

红超巨星
大质量恒星
普通恒星
红巨星
超新星
恒星星云
黑洞
中子星
白矮星
行星状星云

这张绚丽多彩的回旋镖星云的照片，是由哈勃太空望远镜上的照相机拍摄到的。

这类恒星的生命历程是这样的：随着恒星燃烧核心的氢将其聚合成氦，它的亮度实际上会增加。因为恒星无法产生足够的热量来支撑自身的重量，所以剩余的氢开始在核心外部向外层层挤压。这种挤压产生了更多的能量，但结果是，随着外层气体的膨胀，恒星变得更加膨胀。所以，恒星越亮，气体越冷，恒星看起来越红，也就是变成了红巨星（红巨星很大，当太阳变成红巨星时，它的表面将延伸到地球目前的轨道上）。最终，这颗红巨星将氢完全燃烧殆尽。更大质量的红巨星开始将氢聚合成更重的元素，但这一过程也有限制，那就是恒星中心层坍缩的时候，此时恒星会变成白矮星，白矮星基本上就是恒星燃烧殆尽后的超高密度核心。随着坍缩的发生，恒星的外层被抛在后面，因为这颗红巨星太大了，它对外层的控制力很弱。白矮星发出的光照亮了气体，对观测者来说，观测到的就是一团华丽的行星状星云。

恒星外层的气体膨胀得非常快，向外移动的速度高达每小时 58.5 万千米。这就是星云如此寒冷的原因——甚至比宇宙大爆炸遗留下来的宇宙微波背景辐射还要冷（大约是零下 270 摄氏度，或 2.76 开尔文）。

当气体膨胀时，它们会变冷。这是因为膨胀导致压力下降，而压力的下降减慢了气体分子的速度。（温度基本上是对分子运动速度的测量。分子运动得越快，气体就越热。）

当你用空气罐清洁电脑时，你可以观察到同样的现象：当你喷射气雾时，空气罐会变冷，因为里面气体的压力正在迅速下降。使气体膨胀的一些能量来自气雾剂罐内的热能。由于回旋镖星云中的气体被中心恒星以如此快的速度甩出，就在一眨眼的时间里，大量的热能被消耗掉了。

在位于加州帕萨迪纳市（Pasadena）的美国宇航局喷气推进实验室（JPL）工作的拉格万德拉·萨海（Raghvendra Sahai）认为，回旋镖星云比其他正在膨胀的星云更冷，是因为它释放物质的速度比那些垂死的恒星快 100 倍，或者比太阳喷射物质的速度快 1000 亿倍。那么，地球上最冷的地方是哪里呢？

麻省理工学院的学生们会很骄傲的告诉你他们的学校是迄今为止最冷（最酷）的学校。2015 年，一组物理学家在那里将原子冷却到有史以来最冷的温度：500 纳开尔文，即 0.0000005 开尔文（零下 273.15 摄氏度），这比回旋镖星云要冷得多，但这只是因为科学家们使用激光冷却了钠和钾的单个原子。

不过，马萨诸塞州的剑桥市不会永远是最冷的地方。许多科学家团队正继续致力于使气体变得更冷。JPL 拥有的冷原子实验室于 2018 年发射到国际空间站，已经产生了太空中已知最冷的物体，并且很快就会产生宇宙中已知最冷的物体。

汽油会变质吗？

你是否已经有一段时间没有动过你的车了？对此你可能想过这个问题，汽油会变质吗？

不幸的是，"没有硬性规定，"《石油精炼手册》（*Handbook of Petroleum Refining*）的作者兼能源顾问詹姆斯·斯佩特（James Speight）说，"就是……很难一概而论。"

虽然汽油可以保存数月至数年，但温度、氧气和湿度等环境因素会影响这种燃料的状况。

可原油能在地下保存上亿年，为什么汽油还会有变质的危险呢？这是因为，当汽油到达消费者手中时，它已经是一种与原始原油截然不同的物质了。汽油主要是碳原子和氢原子结合在一起的混合物，碳氢原子会形成各种富含能量的化合物，统称为碳氢化合物。在石油炼制过程中，工程师会去除硫等杂质，这些杂质会形成二氧化硫，导致酸雨。根据美国环境保护署（U.S.Environmental Protection Agency）的说法，人们会添加一些物质来提高汽油的性能，达到理想的辛烷值。辛烷值表示汽油能承受的压缩量。数值越高，汽油被压力点燃的可能性就越小。

"作为经过精心校准的最终产品，汽油由数百种不同的化合物组成，这些化合物太多，甚至无法识别和表征。"斯佩特说。

前化学工程师理查德·斯坦利（Richard Stanley）表示，如果汽油储存时间过长，这种平衡汽油的努力就会白费。"如果你任由汽油放在那里，随着时间的推移……它的表现就不会像你所想的那样了。"斯坦利说。

这是因为，随着时间的推移，"较轻的碳氢化合物开始从汽油中蒸发出来。"斯坦利在接受趣味科学网采访时曾表示。而如果它被闲置太久你的汽车发动机可能无法使用剩下的汽油。

此外，据专家说，那些用于稳定汽油的精心混合的物质，在一年的不同时间里并不相同。在冬季，公司会生产一种含有较轻碳氢化合物的汽油，使液体更容易挥发，因此更容易被点燃。斯佩特说，在寒冷的月份，这种混合物会使汽车更容易启动。但在夏季，混合物中没有那么多较轻的碳氢化合物，公司生产的汽油等级与冬季不同，斯坦利说。夏季汽油含有较重的碳氢化合物，以防止热量过度蒸发。斯坦利说，这使得夏季混合汽油在冬季难以被点燃。

除了蒸发，"（汽油）就像葡萄酒——一旦你把它从瓶子里倒出来，它就开始变坏。它开始被氧化"，斯坦利说。

在汽油中的一些碳氢化合物蒸发的同时，其他碳氢化合物会与空气中的氧气发生反应，斯佩特说。然后汽油开始形成一种叫作胶质的固体。

此外，美国汽油的另一种主要成分是乙醇。事实上，根据美国能源信息署的数据，美国销售的大部分汽油都是由10%的乙醇或一种名为E10的混合物组成的。在乙醇的中心生产地带中西部，混合燃料的乙醇含量可高达85%。

然而，与碳氢化合物不同的是，乙醇是亲水的，这意味着它能与水结合。

"如果汽油中含有乙醇，它可能会从空气中吸收水蒸气，让水进入汽油中，"斯坦利说，"你可不想让水进入你的发动机，因为它会腐蚀整个发动机系统。"

"任何使汽油比正常情况下更容易挥发的因素都会影响汽油的质量。"斯佩特补充说。他开玩笑说，这包括"在大热天……以错误的方式查看油量"。

"如果你任由汽油放在那里，随着时间的推移……它的表现就不会像你所想的那样了。"

ONE U.S. GALLON
(.8 IMPERIAL GALLONS)
"3.785 LITERS"

GASOLINE

99

DANGER: EXTREMELY FLAMMABI F
VAPORS MAY IGNITE EXPLOSIVELY
DO NOT STORE IN VEHICLE OR OTHER CONFINED AREA
HARMFUL OR FATAL IF SWALLOWED
READ SIDE PANEL CAREFULLY

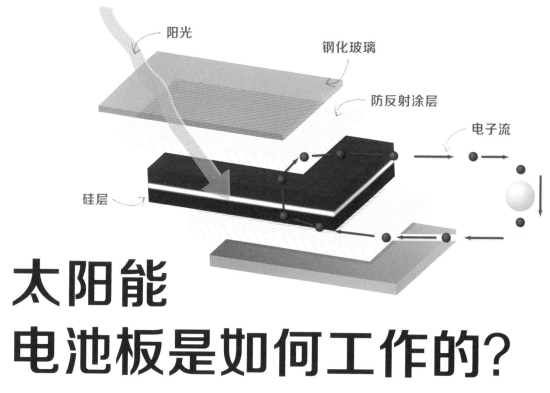

阳光

钢化玻璃

防反射涂层

电子流

硅层

太阳能
电池板是如何工作的？

几十年来，太阳能电池板一直被吹捧为一种很有前途的替代能源，它被安装在屋顶和路标上，并帮助航天器保持动力。

简单地说，太阳能电池板的工作原理是让光子或光粒子将电子从原子中碰撞出来，从而产生电流。太阳能电池板实际上由许多被称为光伏电池的小单元组成（光伏发电就是将阳光转化为电能）。许多单独的光伏电池连接在一起组成太阳能电池板。

每个光伏电池基本上都是由两片半导体材料组成的"三明治"，通常是硅——与微电子学中使用的材料相同。

为了工作，光伏电池需要建立一个电场。当相反的电荷分离时就会产生电场。为了得到这个电场，制造商们在硅里"掺杂"其他材料，让"三明治"的每一层带上正电荷或负电荷。

具体来说，他们在上层硅中加入磷，这会给那一层增加带负电荷的额外电子。与此同时，给底层硅加入一定剂量的硼，从而产生带正电荷的电子。这一操作会在硅层之间的连接处形成电场。然后，当一个阳光

光子碰撞一个自由电子时，电场会把那个电子推出硅结。

电池的其他几个组件将这些电子转化为可用的能量。电池两侧的金属导电板收集电子并将其转移到电线上。此时，电子就可以像其他电源中的电子一样流动了。

最近，研究人员已经研发出超薄、可弯曲的太阳能电池，厚度只有1.3微米——大约是人类发丝直径的1/100，比一张办公纸轻20倍。科学家们于2016年发表在《有机电子学》（*Organic Electronics*）期刊上的一项研究中报告称，事实上，这种电池很轻，轻到可以放在肥皂泡上，但它们产生能量的效率与以往以玻璃做基础材质的太阳能电池一样高。这种更轻、更灵活的太阳能电池可以集成到建筑、航空航天技术，甚至集成到可穿戴电子产品中。

还有其他类型的太阳能发电技术，包括太阳能热发电和聚光太阳能热发电（CSP），它们的运行方式与光伏太阳能电池板不同，但都利用太阳能发电，它们以光能转换为热能，加热水或空气驱动发电。随着技术的发展，人们希望太阳能成为一种更可持续、更清洁的能源。

太阳能农场的数量日益增多

烟花那些绚丽的色彩是怎么来的？

让观众"哦！"和"啊！"的炫目烟火秀幕后，都是精心制作的烟花。

无论喷放出的是红色、白色、蓝色，还是紫色的火花，每个烟花都含有恰到好处的化学物质，以释放出这些五颜六色的光。

根据美国化学会（ACS）的说法，每个烟花内部都有一种叫作"空中炮弹"的东西——一根装有火药和几十个被称为"星星"的小模块的管子，直径约为 3 厘米到 4 厘米。这些"星星"含有燃料、氧化剂、黏合剂和金属盐或金属氧化物——烟花色彩的来源。延时引信点燃火药，烟花到达半空中时"空中炮弹"被引爆，使"星星"分散开并在远离地面的地方爆炸，光和色彩便如雨一般洒落。

一旦接触到火，"星星"中的燃料和氧化剂会迅速产生强热量，激活含金属的着色剂。当被加热时，金属化合物中的原子吸收能量，导致它们的电子从最低能态重新排列到更高的"激发态"。而当电子跌落到较低的能量状态时，多余的能量便以光的形式释放出来。每种化学元素释放出不一样多的能量，这些能量决定了所发射的光的颜色或波长。

根据威斯康星大学麦迪逊分校（University of Wisconsin–Madison）化学教授巴萨姆·Z. 沙卡希里（Bassam Z.Shakhashiri）的网站资料，当硝酸钠被加热时，钠原子中的电子吸收能量被激发，电子从高能级跌落时会释放能量，大约每

摩尔 200 千焦耳，并发出黄色的光。

制造蓝色的配方中含有不同数量的氯化铜化合物。红色来自锶盐和锂盐，最亮的红色是由碳酸锶发出的。

就像颜料调色一样，二次色是将它们原色的成分结合在一起制成的。产生蓝色的铜化合物和产生红色的锶化合物混合后便产生紫色的光。

烟花已经有几百年的历史了，几个世纪以来，被称为烟火化学家的专家们已经开发出了各种化学物质的组合，不仅能产生各种形状和颜色令人惊叹的视觉表演，而且还很稳定，可以安全使用。

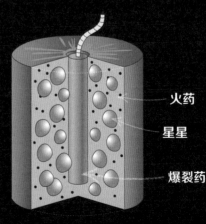

火药

星星

爆裂药

空中炮弹

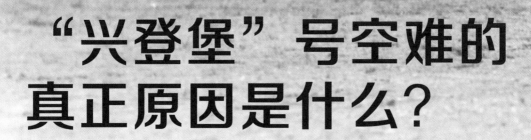

当巨大的兴登堡飞艇首次亮相，即被誉为豪华航空旅行的未来，但在 1937 年 5 月 6 日跨大西洋飞行后，这艘德国客运飞艇在试图降落于新泽西州莱克赫斯特（Lakehurst）的海军航空站时，突然被火焰吞没并坠毁。这场灾难造成 36 人死亡，成为飞艇时代结束的象征。

"兴登堡"号空难的真正原因是什么？

如今，80 多年过去了，人们仍在猜测 1937 年 5 月那个决定命运的夜晚到底发生了什么。那么，是什么导致了标志性飞艇兴登堡号的坠毁？

"从安全角度来看，飞艇总是存在问题，"飞艇历史学家丹·格罗斯曼（Dan Grossman）说，"它们庞大、笨重、难以管理。它们很容易受风的影响。因为它们需要被制得很轻，所以它们也很脆弱。最重要的是，大多数飞艇都充满了氢气，而这是一种非常危险、高度易燃的物质。"

空难发生后的调查及后来的重建证实，氢气和莱克赫斯特的恶劣天气是导致飞艇坠毁的最终原因。

"兴登堡号空难传得很神秘，但说实话，我认为毫无道理，"格罗斯曼在接受趣味科学网采访时表示，"我们对它几乎了如指掌。我们知道当时氢气正在泄漏，它可能是由天气引起的静电放电点燃的——着陆时有雷暴。"

阴谋之外

根据格罗斯曼的说法，兴登堡号空难唯一真正的谜团是氢气泄漏的原因。事故发生后不久就有人猜测，这艘飞艇可能是被一名破坏者击落的，他是正在崛起的纳粹德国的敌人——毕竟，那是 1937 年，距离第二次世界大战爆发只有两年时间。

"想想有人试图炸毁一艘纳粹飞艇，这比暴风雨放电更有吸引力。"格罗斯曼说。"但是，80 年来没有发现有炸弹的证据。"他补充道。

多名摄影师用他们的胶卷相机捕捉到了这场灾难。

兴登堡号的所有者齐柏林公司（Zeppelin Co.）最先推测，这艘客艇的坠毁可能是人为原因导致的。该公司过去曾收到过恐吓信，但该公司后来放弃了这一假设，并认可了静电火花的解释。

但阴谋论很难消亡，这场地狱般的灾难不断激发着公众的想象力。多年来，已经出版了几本书猜测这起事故背后的人类罪魁祸首，其中一本被改编为 1975 年的电影《兴登堡号》（The Hindenburg）。

飞艇时代

兴登堡号的坠毁并不是第一次或唯一一次飞艇灾难，它甚至不是最致命的一次。事实上，尽管这场大火在不到 1 分钟的时间里将 245 米长的齐柏林飞艇变成了一堆灰烬和废墟，但飞艇上的 97 人中有 61 人幸免于难，只是受了伤。在兴登堡号之前，英国的 R101 曾是世界上最大的飞艇。1930 年，它在法国北部的一片森林里坠毁，造成机上 54 人中的 48 人死亡。（有趣的是，根据贝德福德自治市议会的说法，一些消息来源声称德国人使用了从 R101 残骸中抢救出来的材料来建造兴登堡号）"在兴登堡号空难发生的时候，

飞艇已经是一种过时的交通工具，即将被更快、更高效的飞机所取代。"格罗斯曼说。

然而，为什么兴登堡号的灾难在航空史上留下了不可磨灭的印记，以及为什么这次事故在人们的脑海中挥之不去，有一个主要的原因：这艘飞艇被火焰吞没的尾部被拍了下来。

"我们还在谈论兴登堡号的真正原因是它在遇难时被拍了下来，照片比人们对这场空难的想象要令人难忘得多。"

"天空之骄傲"在暴风雨天气中靠近系泊桅杆时变成一个火球的形象现在已成为我们文化遗产的一部分，目击现场的记者赫伯特·莫里森（Herbert Morrison）的广播报道如此表示。

所有这些，使得兴登堡号空难比其他飞艇灾难更加另公众记忆深刻。

> "兴登堡号的失事并不是第一次或唯一一次飞艇灾难，它甚至不是最致命的一次。"

其他行星能见到日食吗？

作为地球人，我们有幸对日全食啧啧称奇，在这种令人眼花缭乱的天体事件中，月球阻挡了太阳光照射到我们的星球。但地球是太阳系中唯一一个经历过这种壮观现象的星球吗？

答案是否定的。天文学专家们表示，日全食也可能发生在其他行星上，只要它们的卫星足够大，能够从行星的视角上覆盖太阳的圆盘，并与太阳在同一平面上绕行星运行。

当一颗行星、一颗较大的卫星和太阳沿同一平面排列，这颗较大的卫星从行星和太阳之间经过，完全挡住了太阳的光线，就会发生日全食。

"要观测到日食，首先需要的是卫星，"加拿大英属哥伦比亚大学（University of British Columbia）天文学博士后赫丽斯塔·范拉尔霍芬（Christa Van Laerhoven）说，"这立即排除了水星或金星发生日食的可能性。这两颗行星都没有卫星。"

火星有两颗卫星——火卫一和火卫二，但这两颗卫星都太小了，无法产生从火星上可见的日全食。但是，这两颗卫星可以使任何潜在的生命形式（或火星探测器）在火星表面上观察到日偏食，范拉尔霍芬说。

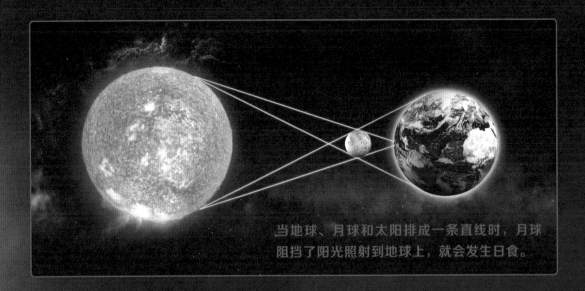

当地球、月球和太阳排成一条直线时，月球阻挡了阳光照射到地球上，就会发生日食。

"从这两颗小卫星上看到的景象更有趣：经常能看到火星食日，在某些季节，这种情况每天都会发生。"天文学家马蒂亚·库克（Matija Cuk）在康奈尔大学（Cornell University）的博客"问一问天文学家"上写道。

"我们太阳系的气态巨行星——木星、土星、天王星和海王星——都可以发生日全食，因为它们有很大的卫星，而相比之下太阳也不太大，"库克说，"但由于这些行星是由气体构成的，我们不可能站在它们上面看到这样的日食。"

然而，如果你有一艘特殊的宇宙飞船，可以在旋转的气体巨星附近盘旋，你很可能会看到日食。木星有多达67颗卫星，包括太阳系中最大的卫星木卫三。库克和范拉尔霍芬说，因为木星的卫星轨道与太阳在同一平面上，这颗行星可以发生日食。

天文学家说，事实上，如果你在木星的一颗卫星上着陆，你还能看到它的其他卫星食日。

但是像冥王星这样的矮行星呢？"冥卫一（冥王星最大的卫星）足够大，距离冥王星足够近，可以产生冥王星的日全食。"范拉尔霍芬说。但由于冥王星和冥卫一的同一面总是面对着对方，"冥王星和冥卫一只有一面会经历日食"，库

克写道。

在地球上，月球制造日食的能力几乎堪称完美。月球的大小正合适——也就是说，从地球上看，它似乎与太阳的表观大小相同或更大。"这意味着当月亮从太阳前面经过时，光球层（太阳发光的外壳）被覆盖，但日冕（太阳的上层大气）仍然可见。"范拉尔霍芬说。

她指出，地球的卫星正在慢慢远离我们的星球，所以在遥远的未来，月球的表观尺寸将变小，无法完全覆盖太阳，至少从地球的角度来看是这样。这意味着有一天，月球将无法引起日全食，而只能引起日环食，在日环食中，太阳圆盘的"环"仍然可见，范拉尔霍芬说。专家推测，地球将在6亿年后经历最后一次日全食。

然而，就目前而言，月球处于引起日全食的最佳位置。"我们没能每个月都看到日食的原因是，月球的轨道平面与地球围绕太阳公转的轨道平面略有偏差，"范拉尔霍芬说，"如果它们不对齐，就会减少日食的机会。只有当两个平面碰巧排列整齐时，你才能看到日食。"

你可以从木星或它的67颗卫星上看到日食。

"外星巨型建筑" 得有多大?

由于来自太空的一束奇怪的光，人类发现了一颗仍然神秘的恒星，它被称为 KIC 8462852，也被称为塔比星（Tabby's Star）、博亚吉安星（Boyajian's Star）或被所谓的外星巨型建筑包围的恒星。

自 2015 年人类首次观测到这颗恒星以来，这颗恒星及其奇怪的形状一直占据着新闻头条。那一年，开普勒太空望远镜在数千颗恒星周围寻找类地行星时发现了 KIC 8462852。

通常情况下，当一颗行星从一颗恒星前面经过时，会使从该恒星到达地球的光线变暗，这种小幅度的光线变暗会有规律地重复出现。但 KIC 8462852 变暗的情况与通常情况不同。首先，它变暗的程度比假设有行星从它前面经过时变暗的程度要大得多；如果行星像木星一样巨大，恒星的亮度可能会降低 1%，而 KIC 8462852 的亮度下降了 22%。最重要的是，这颗恒星光线变暗的模式并不规律，不像有一颗行星从它前面经过时应该的那样。

关于这颗恒星亮度变化的原因有几种说法。解释包括从它面前经过的东西是彗星的碎片，类似土星的环状行星或行星解体时产生的小行星场。最近，一些研究人员提出新的说法，这颗恒星是一个形状不规则的尘埃云。总的来说，天文学家不认为是外星人。

不过，最初有人推测，这颗恒星可能隐藏着一个巨型建筑：一个外星文明建造的围绕该恒星运行的巨大建筑。这样的结构可以解释这颗恒星光线的模式。

但科幻迷们想知道——如果这是一个外星建筑，它得有多大才能产生科学家们观察到的变暗现象？KIC 8462852 是一颗 F 型恒星，比太阳更热，距离地球约 1300 光年，1 光年约为 9.5 万亿千米。然而，该距离只是一个估计，这颗恒星可能远至 1680 光年，近至 1030 光年。这颗恒星的质量大约是太阳的 1.43 倍，直径是太阳的 1.58 倍，所以它的直径大约是 220 万千米。（要知道

艺术家对 KIC 8462852 的概念图，这颗恒星出现了不寻常的光线变化。

图片来源：美国国家航空航天局，加州理工学院喷气推进实验室

它有多大，从纵向上看，大约可以装下 455 个美国。）

围绕这颗恒星建造的任何建筑都必须相当大，才能明显阻挡恒星的光线。哥伦比亚大学的天文学家大卫·基平（David Kipping）一直在寻找系外行星卫星，他估计，如果从这颗恒星前面经过的东西是某个离散物体或一组物体，那么它的半径应该是太阳的五倍，比 KIC 8462852 本身还要大。

从这个角度来看，想象一下，如果有一个很大的物体从太阳和地球之间经过，那么随着这个物体的移动，日食将持续几天，甚至几周。太阳的半径约为 695,700 千米。对于一个是太阳五倍大的建筑——半径 340 万千米——来说，无线电信号从一端传播到另一端需要 11.6 秒（这样的信号从地球传播到月球需要 1.3 秒）。

1960 年，物理学家弗里曼·戴森（Freeman Dyson）提出，一个足够先进的文明可以在一颗恒星周围建造一个球体，并能够捕捉到这颗恒星所有的辐射能（地球上的观察者会看到它以红外光的形式重新辐射，所以这颗恒星看起来就像一个巨大的热源）。但塔比星显然没有被实心球体包围，因为我们可以看到这颗恒星的光。人们可能会想象这颗恒星周围的外星巨型建筑是一群排成球形的小天体，或者可能是一些大物体或一组物体定期从恒星前面经过。

那么，为什么科学家不认为外星人是塔比星变暗的原因呢？一个原因是外星巨型建筑会以特定的方式发出红外线辐射。任何被附近恒星照亮的物体都会反射一些光，并吸收其余的光，而被吸收的光会以更长的波长重新发射出去。基本上，这个物体会变暖。

2016 年 8 月，宾夕法尼亚州立大学的天文学家杰森·赖特（Jason Wright）在加州山景城的地外文明探索（SETI）研究所的一次演讲中表示，对塔比星的光的研究表明，这颗恒星没有这种"废热"的迹象。

艺术家对KIC
8462852与
外星结构的概
念图

"围绕这颗恒星建造的任
何建筑都必须相当大，才
能明显阻挡恒星的光线。"

107

世界上最古老的照片是什么样的？

世界上现存最古老的照片，嗯，很难看清。这块含有硬化沥青的灰色金属板看起来一片模糊。

1826 年，一位名叫约瑟夫·尼塞福尔·尼埃普斯（Joseph Nicéphore Nièpce）的发明家拍摄了这张照片，照片上是尼埃普斯在法国圣卢普 – 德瓦勒纳（Saint-Loup-de-Varennes）的庄园勒格哈（Le Gras）窗外的景色。

尼埃普斯当时已经知道，如果你把溶解在薰衣草油中的沥青涂在一个白蜡板上，把一个物体（比如树上的一片叶子）放在板子上，然后把板子暴露在阳光下，那么板子上没有被物体覆盖的部分（也就是暴露在阳光下最多的部分）的沥青会硬化得最厉害。乔治·伊士曼博物馆（George Eastman Museum）的摄影历史学家马克·奥斯特曼（Mark Osterman）在《简明焦点摄影百科全书》（*The Concise Focal Encyclopedia of Photography*，爱思唯尔出版集团，2007）上收录的一篇文章中解释说，如果你接着清洗板子，物体下面未硬化的沥青会被冲洗掉，显示出覆盖它的物体的印迹。

为了拍摄这张世界上最早的照片，尼埃普斯将犹太沥青（一种从古埃及时代就开始使用的物质）与水混合，涂在一个白蜡板上，然后加热（这一过程已经使板子上的物质硬化到某种程度）。然后，他把这块板子放在相机里，让相机从二楼的窗户对着外面。他把相机放在那里很长时间，可能有两天之久。在那段时间里，接受阳光最多的部分的沥青比接受阳光较少的部分（比如面对建筑物或地平线黑暗区域的部分）硬化得稍微多一点。然后，尼埃普斯把板子上未硬化的部分洗掉，制成了一张几乎看不清的照片。它现在被安置在得克萨斯州奥斯汀的哈里·兰森中心（Harry Ransom Center）。"可能需要两天的曝光才能记录下地平线的轮廓和窗户外面几座建筑的最原始元素。"奥斯特曼写道。

虽然这种"日光蚀刻法"（据尼埃普斯所称）拍出了世界上已知的最古老的照片，但其图像质量很差，制作时间也很长。直到他与另一位名叫路易斯·达盖尔（Louis Daguerre）的发明家合作，达盖尔照相法才被发明出来。达盖尔照相法的照片图像质量好得多、制作时间短得多。1833 年，这项技术尚未得到充分发展，尼埃普斯就去世了，但达盖尔在尼埃普斯的儿子伊西多尔·尼埃普斯（Isidore Nièpce）的帮助下继续研究，最终发现将碘化银板暴露于汞烟雾中可以在几分钟内产生照片。

奥斯特曼在他的文章中指出："达盖尔发现，把镀有碘化银的底板暴露在水银烟雾中，只需要较短的曝光时间，底板上就能显示出不

（上图）作者：达德罗，来自维基百科网公共区域

尼埃普斯的照相机

可见的或潜在的图像。"然后可以把底板放在氯化钠溶液中，以稳定图像，奥斯特曼写道。

到1838年，达盖尔开始拍摄物体和建筑物的照片。1839年，法国政府授予达盖尔和尼埃普斯终身养老金，以换取他们分享摄影技术。达盖尔照相法的使用迅速在世界各地传播开来，他们的事迹鼓励其他发明家寻找新的更好的拍照方法。例如，改变底板上的化学物质，能缩短曝光时间，这样拍摄人物照片就更加容易，同时还能捕捉到拍摄对象的更多细节。此外，使用纸张代替镀银板底板的技术也得到了发展，这大大降低了拍照的成本。此后同时，人们很快研发出了活动影像（电影）。

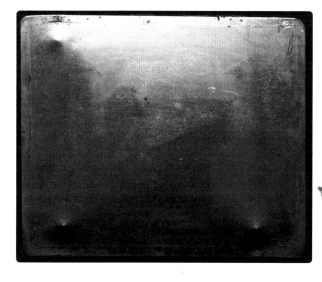

> "可能需要两天的曝光才能记录下地平线的轮廓和窗户外面几座建筑的最原始元素。"

原片。不是很清楚，第一张成功的永久照片。

这张照片经过清理的版本也并不理想，但足以让你更好地看出它是什么样子。

图片来源：明尼苏达大学文理学院信息技术办公室，网址：*http://www.dcl.umn.edu.Public Domain*

宇宙中有多少星星?

夜空中满是闪烁的星光,证明我们的地球只是一颗绕着一颗小恒星旋转的小行星。那么到底有多少星星呢?

具体有多少还不清楚,但确实很多,非常多。

银河访客

得到这个数字的一种方法是计算出一个典型星系中恒星的平均数量,并将其乘以宇宙中星系的估计数量。

根据英国诺丁汉大学(University of Nottingham)天体物理学教授克里斯托弗·孔塞利切(Christopher Conselice)及其同事于 2016 年 10 月在《科学》杂志上发表的一项研究,哈勃太空望远镜拍摄的深空图像表明,宇宙中的星系数量是科学家此前认为的十倍,总共约有 2 万亿个星系。

孔塞利切在给趣味科学网的一封电子邮件中写道,根据其中一项准确的估计,平均每个星系中大约有 1 亿颗恒星。

但要得到这个数字,并不仅仅是把望远镜对准天空,数出所有闪烁的光点。星系中只有最明亮的恒星才能被望远镜探测到。例如,根据 2008 年发表在《天体物理学杂志》上的一项研究,2008 年,斯隆数字化巡天(Sloan Digital Sky Survey,它绘制了天空中所有可观测的天体图像的三分之一)发现了大约 4800 万颗恒星,仅为估计存在恒星数量的一半。据太空网报道,在邻近的仙女座星系中,一颗像我们的太阳一样明亮的恒星甚至无法被传统的望远镜探测到,比如斯隆数字化巡天所使用的望远镜。

相反,大多数人根据星系质量来估计星系中恒星的数量。由于宇宙在膨胀,星系之间的距离越来越远,平均而言,来自其他星系的光有轻微的"红移",这意味着它的波长被拉长了。由于星系在旋转,星系的某些部分实际上正在向地球靠近,这意味着一些光线会"蓝移",据太空网报道。通过使用这些基于光的测量方法,天文学家可以粗略估计星系的旋转速度,从而揭示它的质量。接下来,科学家们必须排除掉所有的暗物质,或者是有引力但不反射光的物质。

"在一个典型的星系中,如果你通过观察自转曲线来测量它的质量,大约 90% 是暗物质。"纽约伊萨卡学院(Ithaca College)的助理教授大卫·科恩赖希(David Kornreich)此前与太空网的工作人员交谈时表示。

孔塞利切说:"将星系的数量(大约 2 万亿)乘以平均每个星系中的 1 亿颗恒星,表明宇宙中可能有 10^{20} 颗明亮恒星。"

"动力沙"的原理？

有一种令人着迷的材料叫作动力沙，它可以像黏土一样被塑造，但又带有某种丝滑的观感，对孩子和成年人来说都很有趣。

例如，在照片墙（Instagram）上搜索"动力沙"（kinetic sand），就会出现数千个人们切、砸和挖这些东西的视频，看起来像是一种宏大的感官体验。但是，是什么赋予了动力沙这种转化作用呢？

美国化学会成员里克·扎赫特勒本（Rick Sachleben）说，动力沙是一种涂有硅油（也叫硅酮）的普通沙。

"硅酮"并不是指一种特定的材料，而是指含有硅元素和氧元素的一类材料。硅酮是一种聚合物，其分子由长链重复单元组成。

"这类化合物被用于各种各样的产品，从化妆品、乳液、洗发水和护发素，到润滑剂和密封剂。"扎赫特勒本说。

"硅油具有独特的特性，它们可以是自由流动的液体，在没有压力的情况下也可以是缓慢流动的半固体，但在压力下表现得像橡胶固体，"扎赫特勒本在接受趣味科学网采访时表示，"这种特殊的特性被称为'黏弹性'。"

但物质的黏弹性程度取决于硅油中聚合物链的长度，扎赫特勒本说。例如，"想象一下长长的（非常长的！）意大利面，它们粘在一起，所以可以保持某种形状，但如果把它们做成球形放在柜台上，随着时间的推移，它们会慢慢下滑成一堆。但长面条比短面条更能保持形状。"

动力沙也类似，硅油中的聚合物链使沙颗粒粘在一起，这样你就可以把它们捏成一个球。然而，随着时间的推移，这个球会慢慢摊平。

"但涂有硅油的沙粒只会相互粘在一起，不会粘在其他表面。"扎赫特勒本指出。这就是为什么动力沙看起来不"粘"，而且容易清理。

土星环是什么？

土星环是太阳系非常引人注目的特征之一。它们以奇特的结构环绕着这颗距离太阳第六远的行星，每个环都有数千英里（1英里约为1.6千米）宽，但只有几十英尺（1英尺约为0.3米）厚。

这些环主要是冰，还混合着少量岩石。幸亏有"卡西尼"号（Cassini）探测器，科学家们得以比以往任何时候都更好地掌握了土星环的动态。卡西尼号向地球发送了前所未有的土星环照片，让研究人员可以近距离观察在冰中发现的一些奇怪结构。

这些环最早是由伽利略·伽利莱（Galileo Galilei）在1610年发现的，当时他只是用望远镜看到了它们。今天，科学家们已经确定了七个独立的环，每个环都有一个字母名称。令人困惑的是，这些字母有点乱，因为这些环的名字是按照它们被发现的顺序命名的，而不是按照它们环绕土星的顺序。离土星最近的是暗淡的D环，其次是三个最亮、最大的坏——C、B和A。F环在A环外面，然后是G环，最后是E环。

根据美国宇航局的数据，这些环距离土星有28.2万千米。除了A环和B环之间有4700千米宽的卡西尼缺口外，它们大多

是近邻，这个缺口如此命名是因为它是由17世纪的意大利天文学家乔瓦尼·多梅尼科·卡西尼（Giovanni Domenico Cassini）发现的。这些环的宽度令人难以置信，和宽度相比，在厚度上它们简直像煎饼一样薄，在大多数地方只有10米厚，在其他地方最多厚达1千米。作为参考，土星本身就很巨大——可以容纳764个地球。

放大后看，这些环是由非常细小的颗粒组成的，有些比一粒沙子还小，偶尔点缀着山脉大小的冰块。科学家们怀疑许多颗粒是破碎彗星或解体卫星的碎片。卡西尼号成功追踪到了其中一些颗粒，它们的来源可以追溯到土卫二，土卫二会向太空释放气体和冰。土星环的其他部分似乎来自一些土星内卫星的碎片，这些卫星也在土星环形成的过程中发挥了引力作用。这些卫星在土星环内运行，有助于划分土星环并限制其宽度。A环内缘的划定就受到了土卫一的引力影响，卡西尼缺口的形成离不开土卫一的作用。

一些环还具有被称为"螺旋桨"的歪斜图案，这是由微型卫星造成的，这些微型卫星一方面"清扫"自己轨道里的"颗粒"，另一方面又没有足够强的引力把它们清扫干净，于是就留下了痕迹。土星环的另一个奇怪的样貌是它的"辐条"，看起来像楔子或线条，围绕着土星环运行。

从其中一个土星环上看到的土星。

"根据美国宇航局（NASA）
的数据，这些环距离土星有
28.2万千米。"

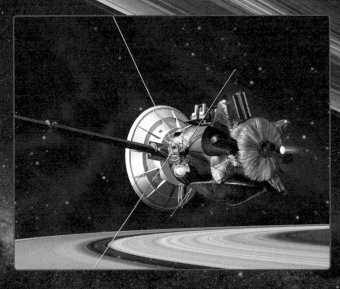

卡西尼号任务是美
国宇航局和欧洲航
天局（ESA）合作
研究土星、土星环
及其卫星的项目……

上图：俄罗斯洲际弹道导弹在运输竖架发射装置（TEL）上。

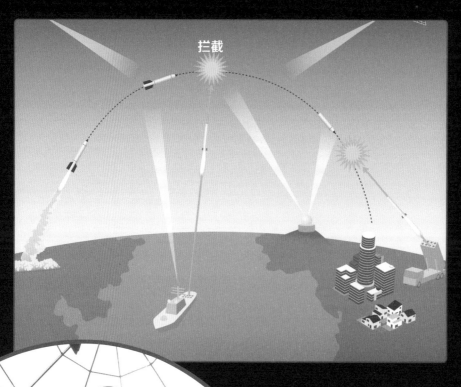

拦截

美国泰坦洲际弹道导弹在发射井中。这些都是在 20 世纪 50 年代开发的。

114

洲际弹道导弹的原理？

洲际弹道导弹——包括朝鲜发射的比国际空间站高 10 倍多的那枚——是如何工作的？

答案取决于洲际弹道导弹（ICBM）的类型，但这些火箭大多数是从地面上的装置发射，进入外太空，最终重新进入地球大气层，迅速下降，直到击中目标。

到目前为止，还没有哪个国家以与另一国的战争为缘由发射洲际弹道导弹，尽管一些国家在演习中测试了这些导弹，总部位于华盛顿特区的非营利机构军备控制与不扩散中心（The Center for Arms Control and Non-Proliferation）的高级科学顾问菲利普·科伊尔（Philip Coyle）说。不过尽管朝鲜的试验也是演习，这些试验的挑衅性仍让许多国家领导人感到不安。

洲际弹道导弹，顾名思义，可以从一个大洲飞到另一个大洲。洲际弹道导弹一旦发射，就会沿抛物线飞行。洲际弹道导弹可以以任何角度发射。但在朝鲜的演习中，洲际弹道导弹"几乎是垂直发射的，"科伊尔说，"它们逆着重力直接向上飞行，在离朝鲜一定距离的地方降落……如果是远程导弹，（朝鲜）通常会把它们降落在朝向日本的另一边，这当然会让日本非常紧张。"

值得注意的是，如果朝鲜想要发动实际攻击，他们就不会垂直发射洲际弹道导弹了。"他们会向目标发射，而目标可能在数千英里之外。"科伊尔说。

然而，很难知道一枚准备就绪的朝鲜洲际弹道导弹能飞多远，因为它的"演习"洲际弹道导弹可能是轻载荷或根本没有载荷。有效载荷——如核弹头——将使洲际弹道导弹变得沉重，并限制其飞行距离。

三个阶段

在起飞时，洲际弹道导弹进入第一阶段，即助推阶段。在这个阶段，火箭将洲际弹道导弹送入空中，将其向上推约 2 分钟到 5 分钟，直到它到达太空。洲际弹道导弹最多可以有三个火箭级，每一个燃烧殆尽后都被丢弃（或弹出）。此外，这些火箭可以使用液体或固体推进剂。"液体推进剂通常比固体推进剂在火箭助推阶段燃烧的时间更长，"科伊尔说，"相比之下，固体推进剂在更短的时间内提供能量，燃烧得更快。"

液体和固体推进剂可以将火箭送到同样远的地方，"但大多数国家都是从液体推进剂技术开始的，因为人们对它很了解"，科伊尔说。

在第二阶段，洲际弹道导弹进入太空，继续其弹道轨迹。科伊尔说，一些洲际弹道导弹的技术允许它们进行恒星射击，也就是说，它们可以利用恒星的位置来帮助它们更好地瞄准目标。

在第三阶段，洲际弹道导弹重新进入大气层，并在几分钟内击中目标。科伊尔指出，如果洲际弹道导弹有火箭推进器，它可能会利用火箭推进器更好地定位自己的目标。然而，由于重新进入大气层时遇到的高温，洲际弹道导弹可能会燃烧并解体，除非它们有适当的隔热罩。

> "到目前为止，还没有哪个国家以与另一国的战争为缘由发射洲际弹道导弹。"

尽管暗物质是我们宇宙的重要组成部分，但肉眼是看不见它们的。

宇宙的其余部分是什么？

宇宙的大部分是由看不见的、可能是无形的"东西"组成的，它们只能通过引力与其他东西相互作用。哦，是的，物理学家不知道它们是什么，也不知道为什么它们有这么多。

科学家称之为暗物质。那么，这些构成我们宇宙如此巨大部分的神秘物质到底在哪里呢？我们怎么知道它真的存在？

20世纪30年代，当瑞士天文学家弗里茨·兹威基（Fritz Zwicky）意识到他对星系团质量的测量表明宇宙中的一些质量"缺失"时，暗物质的假设首次被提出。这种让星系变得更重的东西，不管是什么，它都不会发出任何光，除了引力牵引以外也不会与其他任何东西相互作用。

维拉·鲁宾（Vera Rubin）在20世纪70年代发现，星系的旋转并不遵循人们根据牛顿运动定律所做的预测。星系（尤其是仙女座星系）中的恒星似乎都在以同样的速度围绕中心旋转，而不是像引力理论所说的那样，那些距离更远的恒星旋转得更慢。显然，有什么东西在增加星系外部的质量。

其他证据来自引力透镜效应——当一个大物体的引力使该物体周围的光波弯曲时，就会发生这种现象。根据爱因斯坦的广义相对论，引力使空间弯曲，所以光线会在大质量物体周围弯曲，

尽管光本身没有质量。观测表明，没有足够的可见质量使光线就像在某些星系团周围一样弯曲——星系的质量比它们应有的要大。

然后是宇宙微波背景（CMB），大爆炸的"回声"，还有超新星。"宇宙微波背景说的是，宇宙在空间上是平坦的，"夏威夷大学（University of Hawaii）物理学教授杰森·库马尔（Jason Kumar）说，"空间上的意思是，如果你在宇宙中画两条线，它们永远不会相交，即使这两条线有10亿光年的跨度。若是在一个陡峭弯曲的宇宙中，这些线会在空间的某个点相交。"

然后，研究人员计算了宇宙必须有多少物质才能平坦，并产生在宇宙中观察到的正常物质的数量。现在宇宙学家和天文学家对暗物质的存在几乎没有争议。然而，它似乎不受光的影响，也不像电子或质子那样带电。到目前为止，它还没有被直接探测到。"这有点神秘。"库马尔说。科学家们也许有办法"看到"暗物质——要么是通过暗物质与正常物质的相互作用，要么是寻找暗物质可能变成的粒子。

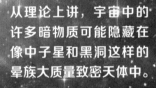

从理论上讲，宇宙中的许多暗物质可能隐藏在像中子星和黑洞这样的晕族大质量致密天体中。

我们知道它不是什么

关于暗物质是什么，有很多理论被提出又被否定。第一批解释中有一条很符合逻辑：这些物质隐藏在晕族大质量致密天体（MACHO）中，比如中子星、黑洞、褐矮星和流浪行星。它们几乎不发光，所以望远镜是看不见它们的。

然而，人们对星系进行了调查，以寻找MACHO经过时造成的背景恒星光线的微小扭曲（称为微透镜事件），结果却无法解释星系周围暗物质的数量，甚至无法解释其中的关键部分。暗物质似乎也不是望远镜看不到的气体云。扩散气体会吸收来自更远星系的光，最重要的是，普通气体会重新发射波长更长的辐射——天空中会有大量的红外光辐射。但由于没有发生这种情况，我们也可以排除这种可能性，库马尔说。

它可能是什么

对暗物质的另一种最有力的解释是弱相互作用大质量粒子（WIMP）。WIMP 是大爆炸期间产生的重粒子，尽管今天只剩下少量。这些粒子通过引力或弱核力与普通物质相互作用。较大质量的 WIMP 在太空中移动的速度会更慢，因此是"冷"暗物质的候选者。较轻的 WIMP 运动得更快，是"热"暗物质的候选者。

找到 WIMP 的一种方法是"直接探测"实验，

比如大型地下氙（LUX）实验；南达科他州矿井有一个液态氙容器。如果一个氙原子核似乎在没有任何解释的情况下"反弹"，那么它将是被暗物质粒子撞击的候选者。反弹的幅度可以让我们了解这种新粒子的质量。

观察 WIMP 的另一种可能方法是粒子加速器。在加速器内部，原子核以接近光速的速度相互碰撞，在这个过程中，碰撞的能量变成了其他粒子，其中一些粒子对科学来说是新发现。

另一种可能：轴子。通过它们湮灭或衰变为其他粒子时，或在粒子加速器实验中出现时所发出的辐射，这些亚原子粒子可以被间接探测到。

由于对重的、缓慢移动的"冷"粒子（如WIMP 或轴子）的探测还没有结果，一些科学家正在寻找暗物质是更轻的、更快移动的粒子的可能性，他们称之为"热"暗物质。科学家利用钱德拉 X 射线天文台（Chandra X-ray Observatory）在距离地球约 2.5 亿光年的英仙座星系团中发现了一种未知粒子的证据后，人们对这种暗物质模型重新产生了兴趣。

"质量低于 1 GeV 的暗物质很难用传统的直接探测实验检测到，因为这种实验的原理是寻找无法解释的原子核反冲……但是如果暗物质比原子核还要轻得多，那么反冲能量会非常小。"斯拉切尔（Slatyer）说。科学家们还需要继续观察。

银河系
[奶路（Milky Way）] 的名字是怎么来的？

如果你在一个晴朗的夜晚从地球上最黑暗的地区向上看，你可能会看到一条被尘埃和气体云掩盖的宽阔的恒星带，呈弧形挂在天空中。

你看到的就是银河系的一部分，我们的家园星系，直径为10万光年。它的核心有一个超大质量黑洞——这是一个非常强大的巨型引力场，任何东西，甚至光，都无法逃脱。它的多条"臂"从中心旋转，拥有数千亿颗恒星，其中一颗就是太阳。

银河系估计有132亿年的历史，是已知宇宙中的数十亿个星系之一。其他星系可能更古老、更大，但作为地球的宇宙地址，银河系长期以来一直吸引着人类。天文学家几千年前就发现了它，古代文明在神话中也提到了它。但这个星系最初是如何及何时得到这个不同寻常的名字的呢？

古罗马诗人奥维德（Ovid）在公元8年首次出版的《变形记》（*The Metamorphoses*）中这样描述银河系："有一条很高的路径，在天空晴朗的时候可以看到，它被称为奶路，以其亮度而闻名。"

根据纽约大学加勒廷个性化研究学院（Gallation School of Individualized Study at New York University）科学史教授马修·斯坦利（Matthew Stanley）的说法，最早提到银河系的记载可以追溯到古希腊。但目前还不清楚这个名字是何时出现的，"2500年前的西方天文学中常用这个词，"斯坦利说，"所以没有办法知道是谁首先创造了这个词，以及它是如何被创造出的。这是一个广为流传的术语，它的起源现在已经被普遍遗忘了。"

"事实上，"斯坦利补充说，"银河系为天文学家提供了天文学术语'银河'（galaxy）的希腊词根。'银河'（Galactos）的字面意思就是'天空中乳白色（milky）的东西'。"

1575年左右，文艺复兴时期的画家雅格布·丁托列托（Jacopo Tintoretto）在《银河系的起源》（*The Origin of the Milky Way*）这幅画中使关于银河系形成的希腊神话永垂不朽。据展出这幅画的美术馆称，丁托列托的这幅画很可能是根据10世纪民间传说文本《农艺》（*Geoponica*）中的一个故事版本创作的。传说中，宙斯把婴儿赫拉克勒斯抱到他熟睡的妻子赫拉的怀里，这样他就可以偷偷地给孩子喂奶。当赫拉醒来并扯开婴儿时，她的乳汁喷进了天空中，形成了银河系。尽管早期的天文学家可能已经观测到了银河系，但他们并不知道如何正确的理解它。在17世纪初发明望远镜之前，星系被认为是星云，这是一种令人困惑的尘埃云区域，它的表现与其他可见物体（如恒星和行星）不同。

"它们被认为是异常现象，你必须小心，不要被它们分散注意力，但它们很少受到关注。"斯坦利说。

直到1609年，意大利天文学家伽利略·伽利莱用望远镜观测天空，发现一些令人费解的宇宙尘埃云是由紧密聚集在一起的恒星组成的，这一切才改变了。然而，大多数星系都没有描述性的名字，因为它们实在太多了。已知星系的数量还在不断增加。

光年是什么？

太空很大，非常大。为了量化宇宙的浩瀚，天文学家经常以一定数量的光年来描述事物的距离。这到底是什么意思？

与字面意思不同，"光年"量度的是距离而不是时间。一光年是光在一年内传播的距离。具体来说，国际天文学联合会将光在 365.25 天内行进的距离定义为一光年。

类似地，你可以把 97 千米描述为一个汽车小时（一辆汽车在高速公路上一小时行驶的距离）。事实上，我们经常用时间来告诉人们距离——例如，"我还有 10 分钟的路程"。"光年"一词之所以被发明，是因为等效距离非常大。光的运动速度为每秒 299,792.5 千米，也就是每小时 10.793 亿千米。地球与距离最近的恒星相距 4.3 光年，相当于 40.7 万亿千米。

"光年"的首次提出可以追溯到 1838 年一位名叫弗里德里希·贝塞尔（Friedrich Bessel）的德国科学家。他测量了天鹅座 61 号恒星与地球的距离，得到的距离是地球轨道半径的 66 万倍。他指出，光需要大约 10 年的时间才能到达那里，但他不喜欢"光年"这个词（其中一个原因是，当时还不清楚光速是否是自然界的一个基本常数）。1851 年，这个词首次出现在德国的一本天文学刊物《光年》（Lichtjare）上。后来，天文学家采用了它。

"光年"和"秒差距"是竞争对手，1 秒差距等于 3.26 光年。秒差距是在测量恒星距离时，恒星视位置变化的弧秒（1/3600 度）数。20 世纪初著名的英国天体物理学家阿瑟·爱丁顿（Arthur Eddington）更喜欢用秒差距作为距离单位，称光年"不方便"。然而，他这场战斗失败了。

光年还可以分为光日、光时，甚至光秒，尽管这些单位使用的频率较低。太阳距离地球有 8 光分，这意味着太阳发出的光需要 8 分钟才能到达地球。

所有这些单位都依赖于光的速度，而光的速度很难测量，因为它的速度太快了。伽利略在 1638 年尝试过，他描述了一个实验：一个人盖上灯笼，而另一个人站在远处的塔上，试图计算光线何时到达那里。这个实验失败了，伽利略只能回答说，无论光有多快，当时的人类和钟表都无法快速到能捕捉到它。（他确实提出了一个估计，说光速至少是音速的 10 倍，但这只是一个猜测。）1676 年，丹麦天文学家奥勒·罗默（Ole Rømer）利用木星的卫星木卫一的日食时间做出了估算。后来，在 1729 年，詹姆斯·布拉德利（James Bradley），利用了一种叫作恒星视差的现象，即天空中恒星的视位置似乎会随着地球的运动而发生轻微变化，估计出了一个更接近的光速。科学家们一直在修改这些数据，到 19 世纪 60 年代，苏格兰物理学家詹姆斯·克拉克·麦克斯韦（James Clerk Maxwell）证明了电磁波在真空中以一定的速度传播。这个速度是一个常数，当时，大多数物理学家认为光是一种纯粹的波（我们现在知道它不是——它也可以是粒子）。

终于，1905 年阿尔伯特·爱因斯坦（Albert Einstein）提出狭义相对论假设，无论从哪里观察到光，光总是以相同的速度传播。突然间，光速成为宇宙的常数之一，而且在测量距离方面更有用。

黑洞会消亡吗？

宇宙中有一些东西是你无法逃脱的。死亡，税收，黑洞。如果时间把握得当，你甚至可以同时体验到这三者。

黑洞被认为是绝不妥协的怪物，它们在星系中漫游，贪婪地吞噬它们所经过的一切。它们的名字也是名副其实：一旦你掉进去，一旦你越过事件视界的界限，你就出不来了。连光都逃不过它们的魔爪。

但在电影中，可怕的怪物都有弱点，如果黑洞是星系中的可怕怪物，那它们肯定也有弱点，对吧？

霍金来援救了

20世纪70年代，理论物理学家斯蒂芬·霍金（Stephen Hawking）惊人地发现了一个隐藏在引力和量子力学复杂数学交叉之下的秘密：黑洞会发光，虽然非常微弱，而且只要时间足够长，它们最终会消散。这种所谓的霍金辐射的原理是什么呢？

广义相对论描述了引力行为，这是一个超复杂的数学理论。量子力学也同样复杂。用"一连串数学"来回答"原理"不太让人满意，所以这里有一个标准的解释：太空的真空中充满了虚拟粒子，这些毫无规律的小粒子会突然出现和消失，在这短暂存在的片刻时间里从真空中窃取了一些能量，只为了相互碰撞和消散，将再次归于虚无。

每隔一段时间，一对这样的粒子就会在事件视界附近突然出现，其中一个落入事件视界中，另一个则自由逃脱。由于无法碰撞和消散，逃逸粒子以正常的非虚粒子的形式继续它的快乐之旅。

瞧！当粒子和辐射逃逸时，黑洞似乎在发光。在分离虚粒子对并将其中一个粒子升级为正常状态的过程中，黑洞放弃了自己的一些质量。那么，在漫长的时间里，黑洞微妙而缓慢地消融。不再那么黑了吧？

问题是：我们也不觉得这个答案特别令人满意。首先，霍金1974年揭示这一过程的原始论文中并没有这种解释；另一方面，它只是一堆行话，填了几行空白，但在解释这种行为方面并没有太大的帮助。这种解释不一定是错的，只是有

点不完整……

量子场方法

首先，"虚拟粒子"既不是虚拟的，也不是粒子的。根据量子场论——科学家对粒子和力的原理的现代概念，每一种粒子都与一个渗透整个时空的场有关。这些场不仅仅是简单的记账设备，它们很活跃，很有活力。事实上，它们比粒子本身更重要。你可以把粒子看作是底层场的简单激发——或者是"振动"，或者是"被夹断的小块"，这取决于你的心情。

有时，量子场开始摆动，这些摆动从一个地方移动到另一个地方。这就是我们所说的"粒子"。当电子场摆动时，我们得到一个电子。当电磁场摆动时，我们得到一个光子。你懂的。然而，有时候，这些摆动并没有真正去任何地方，它们在做一些有趣的事情之前就消失了。时空中充满了这些不断消失的量子场。

这和黑洞有什么关系呢？当一个量子场形成时，一些正在消失的量子场会被困住——有些是永久的，出现在新发现的事件视界内。在事件视界附近消失的量子场最终幸存下来并逃逸。但由于强烈的引力时间膨胀——也就是说，你走得越快，时间似乎越慢，在黑洞附近，它们似乎在未来很晚的时候才会出现。在它们与新形成的黑洞的复杂相互作用和部分捕获中，暂时消失的场被"升级"为正常的、日常的涟漪——换句话说，就是粒子。

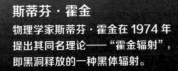

斯蒂芬·霍金

物理学家斯蒂芬·霍金在 1974 年
提出其同名理论——"霍金辐射"，
即黑洞释放的一种黑体辐射。

这是第一张真实的黑洞照片，
于 2019 年 4 月 10 日首次公布。

因此，霍金辐射与其说是粒子突然出现在当今的黑
洞附近，倒不如说是一个一直持续到今天的黑洞诞生
时复杂相互作用的结果。你可以认为，这种复杂的相互作用
阻止了黑洞增长到最大可能的程度——甚至在它诞生的时候，它就
注定要消失。因为不管怎样，据我们所知，黑洞确实会消散。我
们强调"据我们所知"这一点；因为正如开头所说，广义相对
论充满了各种各样的困难，而量子场理论是一头野兽。把这两
者放在一起，肯定会有一些数学上的误解。

　　虽然有上述警告，我们仍然可以看看这些数字，它们告
诉我们：不必担心黑洞会很快消亡。一个质量与太阳相同的黑
洞将存在 10^{67} 年。考虑到我们宇宙目前的年龄只有微不足道
的 13.8×10^9 年，那真是一段相当长的时间。

航天器能飞向太阳吗?

太阳风每小时行进约 160 万千米。

人类已经向月球、火星甚至遥远的星际空间发射了航天器,但我们能向炙热的太阳发射航天器吗?

2018 年,美国宇航局向太阳发射了"太阳探测器 + 号"航天器。地球距离太阳约 1.49 亿千米,"太阳探测器 +"计划到达距离这颗炽热恒星 600 万千米的地方。

"这将是我们第一次飞向太阳的任务,"马里兰州格林贝尔特戈达德太空飞行中心(Goddard Space Flight Center)的美国宇航局研究科学家埃里克·克里斯蒂安(Eric Christian)说,"我们无法到达太阳的表面,但该任务将足够接近,以揭示三个重要问题。"

首先,该任务旨在揭示太阳表面(称为光球层)不如太阳大气层(称为日冕层)热的原因。太阳表面的温度只有大约 5500 摄氏度。但根据美国宇航局的数据,它上方的大气温度高达 200 万摄氏度。

"我们通常会认为离热源越远,你就越会感觉冷,"克里斯蒂安表示,"大气层为什么比太阳表面更热是一个很大的谜团。"

其次,科学家们想知道太阳风的速度是如何获得的。"太阳以约每小时 160 万千米的速度向四面八方吹出一束带电粒子流,"他说,"但我们不明白这些粒子流是如何加速的。"人们知道太阳风已经很多年了,因为早期的观测者注意到彗星的尾巴总是指向背离太阳的方向,即使彗星是朝着另一个方向运行的。克里斯蒂安说,这表明某种东西——也就是太阳风——离开太阳的速度比彗星移动的速度快。

第三,该任务可能会查明为什么太阳偶尔会发射高能粒子(称为太阳高能粒子),这种粒子会对未受保护的宇航员和航天器构成危险。

研究人员试图从地球上解开这些谜团,但"问题是我们距离太阳有约 15000 万千米,"克里斯蒂安说,

"（距离使得）事物在某种程度上变得模糊不清，我们很难分辨太阳上到底发生了什么。"

飞到距离太阳 600 万千米以内的地方也有挑战。毫无疑问，主要的挑战是高温。

为了应对极端温度，美国宇航局的科学家们设计了一个 11.4 厘米的碳复合材料隔热器。根据约翰·霍普金斯大学应用物理实验室（Johns Hopkins University Applied Physics Laboratory）的说法，这个隔热器可以承受航天器外 1370 摄氏度的温度，该实验室是美国宇航局在太阳探测器项目上的合作伙伴。

此外，探测器将有特殊的热管，称为热辐射器，它将通过隔热板把热量辐射到外太空，"所以热量不会进入仪器，因为它们对热很敏感"，克里斯蒂安说。

如果这些保护措施像预期的那样起作用，探测器中的仪器将保持在室温下，克里斯蒂安说。

"太阳探测器＋号"航天器还设计有辐射保护，因为辐射会损坏探测器的电路，尤其是它的存储器，克里斯蒂安补充道。

该航天器将是无人驾驶的，但如果被给予足够的时间和资金，美国宇航局的科学家们可能会开发出一种航天器，可以安全地将宇航员运送到距离太阳 600 万千米的范围内，克里斯蒂安说。然而，他指出，人类生命的代价是巨大的，无人驾驶任务无须承担这样的风险。

如果一切按计划进行，"太阳探测器＋号"航天器将是迄今为止离太阳最近的人造物体。到目前为止，距离太阳比较近的航天器是"太阳神 1 号"（Helios 1，1974 年 12 月发射）和"太阳神 2 号"（Helios 2，1976 年 4 月发射），前者距离太阳不到 4700 万千米，后者距离太阳不到 300 万千米。

时间更近一些的是 2004 年 8 月发射的"信使号"（Messenger），它探索了距离太阳约 5800 万千米的水星。

太阳周围的大气层和它的表面一样热

"飞到距离太阳 600 万千米以内的地方也有挑战。毫无疑问，主要的挑战是高温。"

无论彗星朝哪个方向运动，它的彗尾总是指向远离太阳的方向。

出 品 人：许　永
出版统筹：林园林
责任编辑：吴福顺
责任技编：吴彦斌
　　　　　马　健
特邀编辑：嘉　嘉
封面设计：墨　非
内文制作：张晓琳
印制总监：蒋　波
发行总监：田峰峥

发　　行：北京创美汇品图书有限公司
发行热线：010-59799930
投稿信箱：cmsdbj@163.com

创美工厂
官方微博

创美工厂
微信公众号

小美读书会
微信公众号

小美读书会
读者群